JN028240

佐竹節夫 著

コウノトリと暮らすまち

豊岡・野生復帰奮闘記

農文協

まえがき

ヨーロッパでは「赤ちゃんを運んでくる鳥」、日本では「めでたい鳥」

コウノトリと言えば「赤ちゃんを運んでくる鳥」とイメージされる方も多いかもしれない。でもコウノトリには2種類いて、これはヨーロッパコウノトリのこと。「シュバシコウ（朱嘴鸛《シュバシコウ》、クチバシが朱色のコウノトリ）」とも呼ばれる。名前の由来をめぐって説はいろいろあるようだが、どこで読んだか忘れてしまったが、私は次の伝説が好きだ。

古代のゲルマン民族では、人間は死ぬと霊は肉体から分離し、天上に昇るのだという。そして昇った霊は雲の中にしばし居たのち、雨と共に再び地上に降りて沼の底にひっそりととどまる。やがて女神ホレ（Frau Holle、ゲルマン神話の女神）が、どこかで赤ちゃんを欲しがっている夫婦がいるとわかると、コウノトリに命じ、女神の使いとして沼から生命の精を拾い上げ、その夫婦に届けさせる、というもの。

この伝説は、案外理にかなっているように思う。沼＝水辺は、様々な生物の命の源だ。コウノトリが女神の使いとされたのは、水辺を主な活動の場としているからだろう。歩きながら餌となる生物を捕食する姿は、まさに精を拾い上げるイメージだ。巣づくりのために巣材を口にくわえて運ぶ様子は、あたかも風呂敷に包んだ赤ちゃんを大事に運ぶさまにそっくりである。

おまけに、コウノトリ夫婦の子育ては、愛情たっぷりで甲斐甲斐しい。見ている人間をして、微笑まずにはいられないだろう。やはり、ヨーロッパのコウノトリは「赤ちゃんを運んでくる鳥」なのだ。

では日本、そして東アジアのコウノトリも赤ちゃんを運んでくる鳥なのだろうか。否。その代わり、古来から「めでたい鳥」と言われてきた。正確に言えば「白い大きな鳥」がめでたい鳥の象徴で、ツル、ハクチョウ、そしてコウノトリのことを指し、高貴さや不老長寿などがイメージされる縁起物の鳥である。

「言い出しっぺ」としてコウノトリ保護活動にかかわる

興味深いのは、特徴ある時代ごとにコウノトリの運命が変わっていっていることだ。詳しくは本文に譲るが、常に「人間に翻弄されてきた歴史をもつ鳥」と言ってもいい。

第二次世界大戦後、兵庫県豊岡市でわずかに残ったコウノトリの保護運動が始まるが、経済優先の社会の中では悲壮な取り組みだった。そして1971（昭和46）年、ついに日本に定着する野生のコウノトリは絶滅してしまう。普通なら、日本におけるコウノトリの歴史はこれでジ・エンド。あとはたまに越冬に来るコウノトリを見るだけ、となるところだが、どっこい今、コウノトリは

※本文に登場する方々の所属・肩書きはすべて当時のものとなります。

不死鳥のようによみがえりつつある。

２０２２（令和４）年現在、約３８０羽のコウノトリたちが全国を飛び回り、46ヵ所で営巣するまでになっている。野生復帰の初期段階としては成功と言っていいだろう。しかし、まだ社会や自然環境次第であっという間に滅びかねない数、これからが本番だ。

私は豊岡市役所にあって、１９９０（平成２）年からコウノトリ保護を仕事として行ってきた。飼育下での保護増殖事業から始まり、「コウノトリの郷公園構想」「野生復帰計画」「コウノトリと共に暮らすまちづくり」に一貫して携わってきた。退職後は市民運動としての「コウノトリ野生復帰」に取り組んでいる。

本書では、行政の当事者（言い出しっぺ）として、悩み考え、紆余曲折しながら取り組んできた内実を、精一杯ありのままに書いてみたい。個人の主観がたくさん入るので、客観性に疑問符が付く箇所も出てくると思うが、できるだけ行政記録にもなるよう心がけたつもりだ。また市民運動をするにあたっては、行政のような権限はもたないものの、自由な発想、行動が可能なので、小さな先行事例をつくることを心がけている。

近年はコウノトリをめぐる社会の動きがすさまじく、私自身、わかったと思ったことが次の日には覆されることもある。いまだに明確なポリシーをもち得ず、自問自答の毎日で頼りないが、読者のみなさんと一緒に考えていきたいと思う。よろしくお付き合いください。

目次

第1章

コウノトリに魅せられて

――「特別な鳥」か「田んぼの邪魔者」か？

コウノトリについて考えるときに、決して無視できないのが、その飛来地に住む住民たちのコウノトリへの感情だ。「瑞鳥、特別な鳥」と感じる人もいれば、田んぼに無遠慮に立ち入って苗を踏みつけ、餌をさがす「田んぼの邪魔者」として忌み嫌われることもある。ここで私が実際に見聞した3つのエピソードから、コウノトリをめぐる「人間の気持ち」を考えてみたい。

エピソード1　1960年、コウノトリとの出会いは突然に

私が生まれ育った村、兵庫県豊岡市下宮は南北両側の山に挟まれた谷あいにあって、集落や田ん

ぼは細長く東西に延び、南側の山の斜面には1929（昭和4）年から宮津線（現京都丹後鉄道）が走っている。1949（昭和24）年生まれの私が小学生だった当時、子どもの遊びというと、川や田んぼ、山を駆けまわることだった。この宮津線の線路も大事な遊び場だった。なにせ汽車は1日に数本しか通らないし、通過時に遭遇しても、煙を吐きながら登り坂を苦しそうにゆっくり走るので、山裾に避ければドキドキはするけど平気だった。もちろん、線路を歩いていても学校に告げ口する大人なんていない。キャピキャピ言いながら線路を歩き、横の山に登ってわくわく探検して歩き回っていた。

そんな私が小学校5年生のとき。いつものように数人でにぎやかに山の中を歩いていると、目の前でお兄さんが望遠鏡で何かを覗いている。尾根から山の中腹を見下ろす方向に望遠鏡が設置されていて、後ろを振り向き我々に向かって「うるさいから静かにしろ」と言う。

そして悪ガキどもが早く立ち去るようにと思ったのか、一人ずつ望遠鏡を覗かせてくれた。見えたのは、真っ白なコウノトリだった。巣の上にいたのが1羽だったか複数羽だったか、卵があったのかなかったのか、何も記憶には残っていない。でも、羽根を広げると2メートルにもなる大きな体が、まるで目の前にいるように迫ってきた。レンズの中にいた眩しいくらいのコウノトリの白さは、60年以上経った今でも鮮明に残っている。

後年、豊岡市役所でコウノトリ保護増殖事業を担当するようになり、あのとき見た巣は、当時注目されていた鎌田・文常寺の営巣地だったことがわかった。望遠鏡を覗いていたお兄さんは、兵庫県立豊岡高校の生物部員だったのだろう。その頃、豊岡高校の生物部は熱心にコウノトリの生態を観察しており、その様子は機関誌『但馬の生物』第8号（1956年）～第15号（1963年）に掲載されている。

それによるとコウノトリが営巣していたのは1957（昭和32）～1960（昭和35）年の4年間となっている。私が見たのは1960（昭和35）年なので、ここでの営巣最後の年だった。ちなみに、この年の豊岡市と養父市での営巣は8カ所あったが、翌1961（昭和36）年には5カ所にまで減っている。

ここで「営巣」と書いたが、実は豊岡周辺での繁殖は1959（昭和34）年の福田地区の巣が最後。つまり私の見た文常寺の巣も、たとえ産卵していてもヒナは生まれていなかったのだ。神々しいまでに輝いていた親鳥の白さは、絶滅していく一族の悲哀の色だったのかもしれない。

『但馬の生物』第12号に1960（昭和35）年の福田地区での観察についての文章がある。最後の孵化が記録された翌年だ。一部を要約して紹介しよう。

毎年コウノトリは減ってゆく傾向にある。本年は、昨年より多く育ってほしいと願っていたけれども、昨年より増えるどころか、1羽もフ化しなかった。これは、コウノトリを毎日観察してきた我々生物部員にとって、非常に手痛い打撃であった。（中略）幾日たってもフ化しないばかりか卵が1個又1個と巣の中から見えなくなってゆき、ついに1個もなくなってしまった時から、観察の目標が事実上なくなってしまったことになり、観察に身が入らずついに（昭和）35年度のコウノトリ観察を中断するに至った。残念ではあったがいたし方なかった。

その後、コウノトリが孵化することはなかった。ヒナの姿が見られなくなっただけでなく、やがて成鳥も1羽、また1羽と減り続け、1971（昭和46）年にはついに、日本での個体群は野外からひっそりと姿を消してしまう。

コウノトリがそんな危うい状況になっているなど、そのときの私たちはわかるはずもなく、真っ白に輝く大きな鳥にただただ、圧倒的な存在感を感じていたのだった。

エピソード2　2001年夏、隠岐の島で野生コウノトリの力に感じ入る

私がコウノトリ文化館の館長（第6章参照）になって2年目の2001（平成13）年夏、「島根県隠

岐の島にコウノトリが飛来している」との情報が入った。8月初旬に休暇を取り、妻と見に行くことにした。この年、兵庫県が「飼育しているコウノトリが増えて100羽になれば、放鳥（野生に放すことに）したい」と発言していたので、ぜひ野生コウノトリの姿を見ておきたかった。何せ中学生からずっと野生コウノトリにはお目にかかっていない。現場で見て、その感触を身に付けておきたかったのだ。

飛来したコウノトリは、前年の12月に大陸から宮崎県に1羽で渡り、越冬していた個体だという。翌春に生息地に帰るために北上したはいいが、何を思ったか東に舵を切り、隠岐の島に着地してしまった。5月中旬以降、この地に住み着いているらしい。場所は島後の五箇村（現隠岐の島町）である。

レンタカーを借り、村の中心部から山の谷あいを通り過ぎると、そこは一挙に開けた田園地帯となっていて、まさに飛来地にぴったりの「それらしき」雰囲気を漂わせている。五箇村の水田の広さは約1・5キロメートル×1・0キロメートル。海に面し三方を山が囲む盆地で、山裾に人家が配置されている。河口は小さな漁港になっており、まるで私が住む豊岡盆地のミニ版のような地形だ。

まずコウノトリの姿を確認しておこうと、到着する2日前に目撃情報のあった牧草地（牧場）に直行した。しかし姿は見当たらない。仕方なく来た道を引き返し、田んぼや水路を懸命に探すが、目に入るのはアオサギだけ。

「田の草這い（除草作業）」で夢中になり、顔を上げるとそこにはコウノトリがいる（豊岡市内、撮影：西村英子）

「やはりだめか…」「ン？」。遠すぎてはっきりとはわからないが、500メートルも先、夏の日差しに映えるその真っ白で丸い姿が強烈な異彩を放っている。日頃、私が勤務するコウノトリの郷公園（第6章参照）の施設で見慣れているので、コウノトリであることは反射的にわかった。双眼鏡を覗くと、まぎれもなくコウノトリの頭部だ。稲の上からヒョッコリ顔を出している。「やれやれ」。慎重に近づき、ゆっくり観察する。やはりいい。周辺にいるアオサギとは桁違いの存在感だ。

私の祖母が言っていた「田んぼの除草中に気配を感じ、誰がいるのかと思うとコウノトリだった」との話を思い出す。祖母はコウノトリに向かって『あっちに行ってくれ』と手で追い払っても、また次の田んぼにいる」とぼやいていた。

私の村では除草作業を「田の草這い」と言い、腰を深く曲げて這うようにして、水田雑草をむしり取る。除草で目の前数十センチメートルの稲の根元しか見ていないとき、顔を上げると餌をとるコウノトリがいる、というのだ。

明治生まれの祖母の話をもっとたくさん聞いておけばよかったなぁ、などと思い出すうち、コウノトリは畔から飛び立ち、我々の頭上を旋廻し出した。盆地内をグライダーのように悠然と舞う姿は、これも感動ものだった。

五箇村は漁業と農業を生業とする静かな里で、人々は生活のリズムを崩さず、コウノトリと一定の距離を保ちながら生活されていた。コウノトリの方も順応し、当初は100メートル以内に近づくだけで飛び立ったが、しばらくすると10メートルの距離でも逃げなくなったそうだ。「ちょっとの関心」が、コウノトリにはとてもいい具合のように感じた。

この地の農家、高井章さんに尋ねてみた。初老の高井さんは役場が開拓したこの土地を牧場として買い、1人で12〜13頭の牛を世話されている。

「コウノトリが毎日近くにいるってどんな感じですか」

「うーん、心が落ち着くっていうのか、とても気持ちがいいね。1羽だけでなくて、2羽いたらいいのに。このまま居付いてほしいからね」

ほかにも住民の何人かに同様の質問をしたが、大体同じような答えだった。たった1羽がただそこに居るだけなのに、コウノトリは人々の心の中に染み入り、みんなに安らぎを与えているようだった。

翻って豊岡では、コウノトリが里から消えて30年も経っていた。「豊岡に舞い降りてくれないかなぁ」。漠然と、そんな風に思った。

第２章

人間に翻弄されてきたコウノトリ

――但馬の歴史から

田んぼがある＝人里だから生息できる鳥

２０１１（平成23）年、大阪府東大阪市と八尾市にまたがる池島・福万寺遺跡の水田跡で、コウノトリの足跡が確認された。細くて長いサギの足跡とは異なり、コウノトリの前指３本はヒトデのように太く水かきがあるので容易にわかる。

２４００年前の弥生時代前期、稲作文化は日本に広く普及し、田んぼが次々と開墾されていったことだろう。水深が浅くて流れがなく、見通しの良い平らで明るい湿地。田んぼの中は小魚やカエル、水生昆虫が豊富。コウノトリにとって絶好の餌場である。越冬のために渡ってきたコウノトリが飛び立とうとする春先、田んぼの生きものにひかれて帰りそびれたコウノトリたちがいたとしても、不思議ではない。田んぼの広がりにともなって、コウノトリは日本での分布を広げていったと、私は考えている。

「田んぼがなければ、日本では生息できない鳥」。コウノトリとは、そういう鳥だ。コウノトリの繁殖地である、ロシアや中国の大湿原はとてつもなく広大だが、いまだにIUCN（国際自然保護連合）のレッドリストで「絶滅危惧IB類（EN）＝近い将来における野生での絶滅の危険性が高いもの」にランクされる。なぜか？　採餌環境が十分でないからだ。湿原があるだけではだめ。水深が浅く、流れがなく、草丈が低くて見通しの良い明るい湿地でなければならない。案外、大湿原にはそのような条件が揃う場所が少ないのだろう。

その点、日本の田んぼはすべての条件が揃い（時期によるが）、多様な生きものが高密度で生息している。河川や干潟、氾濫原などの原生湿地もコウノトリの良い採餌環境となるが、それらとつながりながら人里の田んぼが中核に存在することで、その地域の生物相のレベルを非常に高くしているのだ。

田んぼが生息地ということは、「コウノトリの生息環境には、人との関わりが100％影響する」

ことを表している。これは、コウノトリの日本での歴史とも大いに関わってくる。なのでまず、最初におさえておきたい。

池島・福万寺遺跡は別として、過去の史料をあたってみても、コウノトリが登場する例を私はあまり精査できていない。各地の伝承や昔話に登場してもよさそうだが、とんと聞いたことがない。多くは私の不勉強のせいだが、それだけでもないようだ。その理由には大きく2つあると思っている。まず、日本に渡ってくる個体がそもそもきわめて少数であること。しかも大食漢で餌場が限定されるなど、生息し続けるにはごく限られた条件の土地だけで、各地で普通に見られる鳥ではなかったようだ（2つ目の理由は61ページのコラム1参照）。

それには「いや、江戸時代には江戸周辺ですら、よく文献に登場するではないか」との反論が聞こえてきそうだ。たしかに幕末期の1865（慶応元）年、トロイア遺跡の発掘で有名なハインリッヒ・シュリーマンは、『シュリーマン旅行記　清国・日本』（講談社学術文庫、1998年）で次のように書いている。

（浅草・観音寺の）寺の屋根の上には「こうのとり」の大きな巣があり、二羽の親鳥とたくさんの雛が見えた。巣は寺の飾りになっている。

シュリーマンはドイツ生まれなので、ヨーロッパのコウノトリの姿はよく知っていたはず。ほかの鳥、たとえばサギと見間違えるはずはないだろう。江戸市中では、このほかに青山新長谷寺や御蔵前西福寺などの屋根にも営巣していたらしい。

このエピソードについて私は、東京湾の干潟、内陸部の田んぼや湖沼（霞ヶ浦、手賀沼など）は、コウノトリにとって絶好の生息環境だったのだろうと推測している。『まとまりの景観デザイン』（学芸出版社、2008年）などの著書で知られる、小浦久子 神戸芸術工科大学教授が言われるように、田んぼ＝農村の活性化には都市が元気なこと、つまり都市と農村が循環型で成り立っていたことも大きいと思う。コウノトリにとって、当時の江戸周辺は特別に居心地が良かったのだろう。

江戸時代末期になると、封建制の最中ではあれど経済は安定し、農地の開墾、圃場の整備、さらに農機具も改良されて、全国の田んぼはどっしりと落ち着いて機能していたと思う。メダカやドジョウ、カエルやゲンゴロウ、ヘビなど、田んぼの中は餌生物でいっぱいだ。江戸時代後期〜明治の初めが、コウノトリをはじめとする多くの生きものにとって歴史上最も良い環境だったのではないだろうか。

江戸時代の但馬のコウノトリ、為政者たちに愛好される

兵庫県北部の但馬地方（豊岡市、養父市、朝来市、香美町、新温泉町）での最初のコウノトリの登場は、1744（延享元）年。但馬国の地誌『校補 但馬考』の「仙石實相公年表略」に、この年の「2月5日、下郷島村に鶴の下り居れるを聞き、俄かに出馬を命じ、片間沖に於て自ら放鷹《ほうよう》して之を獲、同9日、賀宴を開き老臣以下諸役人を饗す」と記されている。

ちなみに『但馬考』とは、1750（寛延3）年に出石藩主の仙石實相が櫻井良翰に調査を命じ、翌1751（宝暦元）年に編纂されたもの。但馬一円の歴史、地理・地名、自然、産物、寺社、財政状況や人物などが記載されている。「島村」とは、現在の豊岡市出石町島地区、「片間沖」とは同町片間地区の水田地帯であり、狩りをしたのは出石・仙石藩三代藩主の仙石政辰《まさとき》である。

藩主が自ら出馬するほどの大事件。あの不老長寿、高貴なめでたい鳥が突如舞い降りたのだ。このチャンスを逃せば、今度はいつになるかわからない。果たしてタカでコウノトリが捕まえられるのか？　という疑問はあるものの、支配階級だけが手にできる珍味を、得意顔で家臣に振舞う顔が目に浮かびそうだ。ありがたく料理（お吸い物か？）をいただく家臣たち。これで藩主の威厳と、藩

の結束が一段と高まったに違いない。次に家臣が「鶴の御料理を拝領」したのは、20年後の1764（明和元）年12月のことだったようだ。

ところが、江戸時代も幕末あたりになってくると、めでたい鳥の趣も少し変わってくる。大騒ぎするピリピリ感がなくなり、今風に言うと「いいね！」くらいの感じになる。

同じ出石藩の幕末期（1815〜1869年）の執務日誌をまとめた『御用部屋日記』には、「天保11年3月11日、今朝御城山へ鶴飛来（御首途）」の記述がある。あまりに短文なので、その意味を出石町在住の郷土史家、常盤昭三氏に尋ねてみた。氏によれば「首途」とは参勤交代で江戸に向かうこと。この8日後の19日に藩主の仙石久利が江戸に発っていることと併せて読むべきだという。つまり不安な旅立ちを前にして、瑞鳥であるコウノトリが飛んできたことを、吉兆だと喜んだものでしょう、との回答であった。

ところでお城の方にときたま飛来するようになったコウノトリは、どこから来たのだろう。私は市街地の西方にある田園地帯からと想像する。そこには後で登場する「鶴山（32ページ参照）」もあり、繁殖もしていたのではないか。江戸周辺でもそうだったように、コウノトリはお気に入りの場所で少しずつ定着していったのだろう。

1836（天保7）年10月には「西御殿（前藩主の隠居所）に飼い置かれ候鶴、京都の鳥屋権兵衛へ

泉光寺の境内に建つ供養塔「鶴の碑」。句の下にはコウノトリ（右写真）が描かれている

下げ渡し」とある。コウノトリは藩主が出向いての特別な狩猟対象から、手元に置いて飼いたいほどの愛玩鳥となっている。

コウノトリを人格（?）ある者として交感する句も残っている。豊岡市の隣町、養父市大藪地区の高台に旗本の小出家と家臣の菩提寺だった泉光寺がある。その境内の一角に建つ「鶴の碑」と呼ばれる供養塔がそうだ。

碑には、表に「相奈禮《あいなれ》て　三日千寿の　別か那《な》　松翁」とある。句の下には立派な鳥の全身像が描かれており、これがまぎれもなくコウノトリなのだ。松翁とは小出家の家臣、代官を務めた大島貞利の雅号で、裏には「弘化3年3月丙午」とある。

絵のリアルさに比べて、句の方はきわめてファジーである。豊岡市史料整理室の山口久喜先生に解読をお願いすることにした。

まず「相奈禮て」から。「あい」は「逢い」、つまり逢瀬のことで、「奈禮て」は「慣れて」である。「逢い慣れて」＝逢瀬を重ねているうちにお互いが馴染んでくる様とのこと。次の「三日千寿」の「千寿」は、「鶴寿千歳」の諺からとったもので、「千年も生きる寿＝鶴」と「千年と形容するくらいの永遠」とをかけたものだろう。「別れ」はもちろん「死別」。したがって句の意味は、「瑞鳥のコウノトリにめぐり逢い、日を重ねる毎に互いに馴染んできたのに、その数日後に死亡してしまい永遠の別れになってしまった」となる。

それだけでは終わらない。山口先生によれば、当時の知識人は自らの句に古典を掛けることを競い、いかに多くの掛詞になるかがインテリジェンスの証明になる、という。

この句の場合は、鎌倉時代にできた『拾遺和歌集』に収められた権中納言敦忠の「逢ひ見ての後の心に くらぶれば 昔はものを 思はざりけり」を本歌（基歌）にしている。これは男女の恋愛感情を詠ったものだが、女性に対する思慕の情を瑞鳥への心情に掛けたのだろう。

つまり「あいなれて」は、単に「逢うことに慣れる」のではない。本歌で「常日頃から貴女に思いを抱いていたが、実際に逢って枕を一つにし、心も体も馴染んできた今の貴女への思慕の情の深さは、逢うまでの思いなど取るに足らないと思えるほど深くなった」と詠むのを、コウノトリに置き換えてみればいい。そう詠めば心情はずっと深くなってくる。

それほどに、コウノトリは人の心に深く染み入るのである。出会ったときにいきなり強烈な感動がわくのとは少し違う。接するうちに徐々に虜になり、あたかも交感している感覚になっていく。そんな心を充実させてくれるコウノトリが、わずか数日で死んだのだ。代官の悲しみは句に詠むだけでは納まらず、供養塔を建て、さらに在りし日の面影を絵に残す行為にまで及んだのだろう。

その後、豊岡市立図書館の中村史さんから連絡が入る。曰く、句の中の「千寿」は、松尾芭蕉が奥の細道へ旅立った折の出発地、東京都荒川区の千住も掛けているのではないかと。このとき芭蕉は、見送る人たちとの別れに際して、「千住といふ所にて舟を上がれば、前途三千里の思ひ胸にふさがりて、幻のちまたに離別の涙をそそぐ」と記し、「行春や 鳥啼 魚の目は泪」と詠んでいる。何という感情移入、いや自然との一体感か。インテリの代官は、とっくにこの句も知っていただろうと。

こうしてこの簡潔な句は、両氏の解釈によってとても奥深いものであることがわかった。

江戸時代末期の但馬の農民たちの反応は？

ではコウノトリの生息地である田園に住む農民は、コウノトリをどう思っていたのだろう。先述の出石藩の『御用部屋日記』に、農村や農民の実情がちゃんと記載されていた。役所に提出された

表2-1 「生類憐れみの令」に関する、出石藩の「触れ」

年号・月日	「触れ」の内容
1837(天保8)年12月5日	町、在へ殺生禁止の触れ
1840(天保11)年9月29日	袴狭(村)辺にて家中、鳥殺生の際田畑踏み荒らしに付き、取り締り触れ(狩猟する武士のマナーを注意)
1844(天保15)年10月24日	殺生禁止触れ(運上これ有る者、株の者を除く)
1846(弘化3)年5月15日	御精進日(藩主の先祖の命日)前後の殺生に付き、心得違いなき様触れ

陳情書である。1815(文化12)~1872(明治5)年のことだ。

江戸時代の生きものに関する政策としては、5代将軍綱吉による1687(貞享4)年の「生類憐れみの令」が有名だ。特筆すべきは、全国の鳥獣害に対して空砲でのおどし以外は、原則として鉄砲利用を禁じたことである。『御用部屋日記』では、江戸から遠く離れた出石でも、幕末に至るまでその令がしっかり浸透していることが記述されている。役所が発した触れ(表2-1)と農民からの陳情(表2-2)の中から、いくつか具体的に見てみよう。

藩はこのように数年毎に触れを出して、殺生禁止の徹底を図っている。130年も前に出された幕府の政策は、仏教思想も加味されて、田舎の藩でも綿々と続けられていたのだ。もし生きものを殺生した場合にはどのようなお咎めがあったのだろう。1820(文政3)年4月27日の日記に「殺生にて追し込め

表2-2　鳥獣に対する農民・農村からの陳情

■獣の害に対して

年号・月日	「陳情」の内容	陳情された場所
1821(文政4)年8月3日	猪、鹿、田畑作物を荒らし難儀に付き、威筒(威嚇用の空鉄砲)二挺拝借願い(※)	上野村

■鳥の害に対して

1824(文政7)年9月9日	深田に鴨多く難渋に付き、威筒1丁借用願い	袴狭村
1836(天保7)年10月9日	雁、鴨おびただしく稲作荒らし候に付き、威筒拝借	三木村、片間村、嶋村、伊豆村、福居村
1839(天保10)年10月27日	掛け稲、小鳥防ぎに困り、威筒借用願い	嶋村
1849(嘉永2)年5月17日	唐鳥(トキ)植え付け場所へ稲踏み込みに付き、威筒拝借願い	伊豆村
1859(安政6)年6月4日	植田に鶴、唐鳥踏み込みに付き、威筒願い	伊豆村

(※)猪、鹿用の威筒借用願いは、数村から毎年ある

(八木町又蔵)」とある。「追し込め」とは「入牢」には至らない隔離措置のことだ。

それに対して、農民・農村からの陳情も、2〜3年毎に出ている。

鳥獣の害を被った農民としては、威筒で脅すことが唯一にして最大の方法だったのだろう。駆除(殺生)ができないのだから、せめて空砲を借りるくらいは認めてほしい。そう思うのは当たり前だ。不思議なのは陳情書にサギが登場しないことだ。コウノトリの生息地にサギは付き物なのだが。

この頃の田んぼの様子を見てみよう。陳情書を提出した村は、水田地帯の中央を北に流れる出石川沿い中心部(嶋、福居、伊豆村)と盆地外周の山裾部(片間、三木、袴狭村)

に位置する。この水田地帯は、ほぼ全域にわたって「深田（湿田）」であり「おびただしい」数のガンやカモなどの水鳥が飛来し、コウノトリやトキも生息する一大楽園となっていた。そう言えば、江戸時代中期の1744（延享元）年にコウノトリが舞い降りて大騒ぎになったのも、この地域である（昭和初期には、約5キロメートルの間に巣が7つもある最大の生息地となった）。

当時の農家が、為政者と同じようにコウノトリを「めでたい鳥」と特別視していたかは、これらの陳情書からは窺い知れない。少なくとも、1羽が飛来しただけで大騒ぎとなった100年以上前（1744年『但馬考』「仙石實相公年表略」）と比べて、この時期になると威筒で追い払いたい感情だった…ということは、コウノトリは日常的にいたのだろう。書き方も「鶴、唐鳥…」とさらっと併記され、特別の鳥と意識されていた節は感じられない。鶴を「めでたい鳥」と思う気持ちは庶民ももっていただろうが、農民の最優先は米作りだ。

かえすがえすも残念なのは、豊岡藩の記録がないことである。豊岡藩の領地は出石藩の北隣、豊岡盆地の中心の湿田地帯。「田鶴野」「下鶴井」などの地名があり、コウノトリが生息していたことは間違いないと思われる。でも現存しているのは、江戸時代後期の絵図面に、一日市地区の田んぼで2羽のタンチョウ（コウノトリ?）が描かれているほかは、短歌に鶴が登場するだけなのである。

明治時代、コウノトリ受難の時代のはじまり

明治時代に入ると政府は一気に西欧化を進め、庶民の意識も急激に変化していった。明治政府は資本主義の基盤づくりとして、商取引の「自由」「平等」をも普及させる。自由とは「○○を禁止しない」ことでもあるので、江戸時代を通じて続いた「生きもの殺生禁止」も解かれることとなった。これによる抑圧されていた意識の解放、旧物破壊の風潮、猟銃の普及などが重なり、鳥獣たちが次々と犠牲になっていった。この行為に人々が駆り立てられた理由は、野生生物への本質的な怖れ、家畜への実害（おもにニホンオオカミ）、農作物への被害（おもにコウノトリ、トキ）、換金性（アホウドリ、ニホンカワウソ、イタチ）、趣味や学術目的といったものがあげられるだろう。

こうして多くの鳥獣が殺されたのに、明治政府はその間、無策だったことを憤慨されているのが、山階鳥類研究所の安田健氏、松山資郎氏だ。両氏は山階鳥類研究所の機関誌『応用鳥学集報』に収められた「明治年間の鳥獣行政」（1987〈昭和62〉年11月、Vol.7-2）の中でこう記す。「政府は1886（明治19）年までの19年間は、江戸期の徹底した保護策を放棄して、乱獲・乱伐をほしいままに許した失政であった」と。この19年間で、狩猟を職業とする人たちや資産階級の欧米風の狩

猟ブームによって「想像を絶する」数の鳥獣が殺されたという。

そんな中、最初の規制は銃の取り扱いに関してだった。鳥獣保護について道府県任せにしていた政府が、全国一律で禁猟鳥獣を法律にしたのは1892（明治25）年のことである。この年の10月5日に「狩猟規則」（勅令第84号）が出されるのだが、制定のいきさつに当時の政府や農商務省の考えがもろに出ているので、見てみよう。

農商務省は、規則制定にあたって事前に道府県に鳥獣の保護施策の実態を調査。これを基に、狩猟規則制定直前の9月28日に出版したのが『狩猟図説』である。

そこでは「鳥獣は狩猟の対象である」ことが前提であるが、中には保護すべきものもあると書かれている。そして保護すべきか否かの選別基準は「その鳥獣が、農業を振興する上で有効・有益か、有害か」。燕（ツバメ）は野菜につく虫を食べてくれるので有効鳥類、雲雀（ヒバリ）や雀（スズメ）は害虫を食べるので有効だが、穀物を食べてしまうので効害各半鳥類、啄木鳥（キツツキ）は虫を喰うので効があるが、木を傷つけるので害があるといった具合。

この観点からすれば、稲苗を踏み荒らすコウノトリはどう規定されたのだろう。大体想像はつくが、同書の記述を引用してみよう。

鶴（ツル）鸛（コフノトリ）、雁（ガン）鳧（カモ）ノ類ハ悉（ことごと）ク有害タラザルモノナシ、皆銃獲シテ以テ其ノ肉ヲ喰ヒ羽毛ヲ利用スベシ

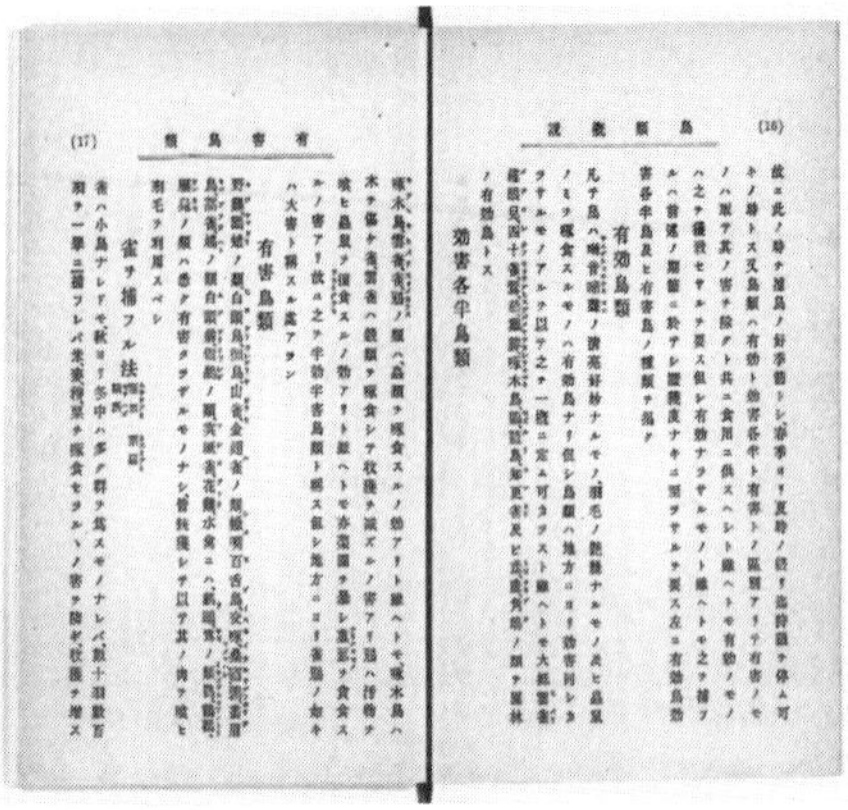
(16)
有効鳥類
効害各半鳥類
(17)
有害鳥類
雀ヲ捕フル法

1892年発行の『狩猟図説』（農商務省 編）。コウノトリ、ツルなどは農業振興にとっての害鳥扱い
出典：国立国会図書館デジタルコレクション（https://dl.ndl.go.jp/ja）

いや凄まじい、想像以上だ。農林漁業振興を邪魔する鳥は、みな銃獲してその肉を喰い羽毛も利用せよ、とは。政策を超えて何か恨みでもあるのかと言いたくもなる。わずか20数年前の江戸末期までは「めでたい鳥・コウノトリ」であった片鱗もない。

面白いのは「鶴」だ。コウノトリと同じく有害鳥とされたが、1週間後の10月5日に制定された『狩猟規則』では、真っ先に禁猟鳥に指定されている。農業振興上では有害だが、地域（北海道など）で保護の慣習があるので政府も一目置き、地方の伝統を尊重せざるを得なかったものと思われる。キジやカモ、サギも、繁殖期を保護期間とされた。コウノトリやトキが規則に何も触れられず、ただ狩猟の対象であり続けたのは、

それだけ農業被害がひどいと判断されたか、地方からの声が届かなかったか、はたまた個体数がきわめて少数であったのか。

1908（明治41）年、「狩猟法（1895〈明治28〉年 法律第20号）施行規則」が、従来の禁猟鳥の考えを大きく転換して改正される。保護すべきか否かの判断基準が「農業振興に有益、有効か有害か」から「希少か」に変わり、絶滅の危機があることが禁猟の理由に加えられた。こうしてコウノトリは、トキ、ヘラサギと共に初めて禁猟鳥となった。が時すでに遅く、コウノトリは各地から姿を消してしまっていた。

明治維新前後に外国から日本を訪れた外国人たちは、日本は山奥でなくとも鳥が多いことに驚いただろう。1872（明治5）年、イギリス人のロバート・スウィンホーは横浜で捕獲した個体をアジアのコウノトリ（当時 *Ciconia Ciconia boyciana*）として初めて世に出したし、横浜在住の外国人によるコウノトリ捕獲や目撃例はほかにもあるようだ。

外国人だけではない。山階鳥類研究所に所蔵されている剥製2体は、1884（明治17）年に手賀沼で捕獲された個体（つがいかもしれない）だ。趣味や換金のための狩猟のほかに、標本用に殺されたのもかなりの数になったに違いない。コウノトリの観察例が多かった東京周辺でも個体数は限られたものだっただろうし、そもそも群れて暮らす鳥ではないから、一つがい、あるいはつがいの一方が標本にされると（殺されると）、たちまちその地域の個体群は壊滅するくらいの脆弱さだったろうと推測する。

やっと1918（大正7）年、「狩猟法」は基本的な考え方を180度転換する。鳥獣は狩猟の対象であり、例外として禁猟鳥獣を設けたのに対して、新法は逆に第1条で「狩猟鳥獣以外の鳥獣は之を捕獲することを得ず」と規定し、「鳥獣というものは保護すべきものであって、例外は狩猟鳥獣だけ」としたのである。この抜本的な法改正により、日本はようやく50年ぶりに鳥獣の保護が回復することになった。

コウノトリ営巣地「鶴山」は、庶民の観光名所だった

では出石、豊岡でのコウノトリの様子はどうだったのだろうか。実は明治初期～日露戦争まで、様子がわかる確たる記録は残されていない。歴史的には価値観が激変したときではあるが、田舎の変化は田んぼも山もまちも緩やかなので、ことさら記録しておく必要もなかったのかもしれない。

そんなコウノトリが再び華々しく表舞台に登場するのは、1904（明治37）年の日露戦争の年である。この年、豊岡市出石町桜尾地区の鶴山で、コウノトリが営巣し繁殖する。『出石町史』は、鶴

山の所在地となる役場、旧出石郡室埴村の史料から次のように要約する。
「瑞祥と言うべきか征露の役が起こるや、一つがいの老鶴がまた飛来して山頂の古松に巣をつくり4羽の雛を養育した。世の人々はこの戦が海陸で大勝を得る霊兆であるとした。果たして連戦連勝で期待したとおりであった。このことが一度遠近に伝わると、遠く京阪神の観覧客が続々と数しれずおしかけた」と。瑞鳥コウノトリの復活である。

しかしこの「鶴」は本当にコウノトリなんだろうな？ 疑ってみる。その疑念を払拭するツールがこの頃、登場する。写真である。それ以前は「鶴」と書かれた鳥が本当にコウノトリだったのか、後年では確認のしようがなかった。だがそれが写真なら、個体はおろか、巣の背景から場所まで特定できる。先の室埴村が各方面に出した文書にも写真が添えられたようだ。

「瑞鳥コウノトリ」の典型的な写真は、「日露戦捷《しょう》記念鶴巣篭之景」と書かれた、小谷卯之助氏（日高町で写真店を経営）が撮影したものである（34ページ写真）。

村長の横山吉郎衛門を擁する役場はここぞとばかり、皇室、出征中の各将軍、作家など、著名人に日露戦争の勝利と瑞鳥コウノトリをセットにして文書を送りまくった。それに対して各将軍や、夏目漱石などからも礼状が来たり、マスコミも取り上げたりして、鶴山のコウノトリはここに一大フィーバーを迎えたのである。鶴山を訪れる観覧者は多い日には2000人もいたという。観覧者

「日露戦捷記念鶴巣籠之景」。鶴山の赤松の巣に、巣立ち直前と思われるヒナ4羽と巣に舞い降りようとしている親鳥1羽が写っている

を当て込んで、鉄道会社は列車の大割引のポスターまでつくり、宣伝を開始する。駅には人力車が待ち受け、絵葉書が乱発された。

これほどフィーバーするには、役所以外にも仕掛けた人がいるのではないか。調べてみるとやはり、おられました。

当時、まちの中心地で旅籠旅館を経営されていた玉井吉得氏である。彼はいち早く山の中腹に茶店「芙蓉《ふよう》軒」を設け、飲食しながら目の前のコウノトリの子育てを見物できるようにした。私は、コウノトリ文化館（第6章参照）の展示資料を収集していた頃、吉得氏のお孫さんの宮島弘恵さんを訪ねて当時の様子をお聞きしたことがある。

「宮島さんは、茶屋のことは覚えていますか？」

「私は大正9（1920）年生まれなので、幼稚園の頃（昭和初期）はまだ茶店をやっていました。学校から帰ると、よく茶店に遊びに行っていたものです。お客さんに出したあとのサイダーやお菓子にありつけたから」

「なぜ、お祖父さんは茶店を開いたんですか？」

「子供だったのでわかりませんけど。ただ、よく旅館に画家や書家が逗留していたし、祖父自身も俳句をしていたので、粋なことが好きだったんじゃないですか。サービス精神も強かったし」

玉井氏は出石城の修復など、まちづくりにも尽力されていた。村長と力を合わせて誇れるまちにしていく。彼にとっては鶴見茶屋も気高く粋なことだったのだろう。いうなれば「官民一体型まちづくり」だ。鶴山の茶店は昭和に入っても繁盛していたが、宮島弘恵さんより14歳下の弟、玉井啓介氏は茶店のことを知らないという。啓介氏が物心つく昭和10年代初期には茶店は閉じられていたようだ。世の中は暗い戦争の足音が聞こえ出し、人々がゆっくり鶴見物できるような風潮はなくなりつつあったのだ。

それでも、明治期の『狩猟図説』『狩猟規則』に見られるように、日本中が欧米型近代化路線によって生きものが邪魔者扱いされるなかで、ここ豊岡では有害鳥のはずのコウノトリがずっと人と暮らし、歌に詠まれ、瑞鳥として崇められていたのだ。後年、私も関わる「コウノトリの野生復帰」に際して、原動力になる証拠と思う。

さらにエピソードは続く。「明治期の出石鶴山では、地元の小学校が遠足でコウノトリを見に行っていた」と我が家で話していたら、母が「私らも行ったがな」と言う。聞くと、やはり母が小学生のとき豊岡の野上地区にあった営巣地に、田鶴野尋常小学校の遠足で見に行ったらしい。母は宮島さんと同じ1920（大正9）年の生まれだから、やはり昭和初期のことである。

実は、昭和初期はコウノトリ最盛期であった。出石を中心に、和田山（現朝来市）から久美浜（現京丹後市）まで、南北約50キロメートルの円山川流域を中心に、生息地を広げていた。

1934（昭和9）年には、20カ所で営巣していたという（1936〈昭和11〉年、岩佐修理氏の記録による）。営巣地の広がりとともに、巣ができればその近くで鶴見茶屋ができることも流行りとなっていた。ただし豊岡地域では出石のような常設ではなく、巣ができると近くに即席の茶店をつくっていたようだ。

1931（昭和6）年5月25日付けの地元紙、豊岡新聞は次のように報じている。

豊岡町の東郊田鶴野村帯雲寺《たいうんじ》の裏山に営巣中であった夫婦鶴は、…（略）…先般来再び舞い戻って巣篭りし、既に3羽の可愛い雛鶴を孵化していることが発見された。本年の巣篭りの場所は、今までのうち最も眺望がよいので、地元ではうんと観覧者を惹き寄せようと21日から同村青年団や各部

落の有志たちが昼夜登山道を拓き、4日からは頂上に茶店も出来ることになった

同じ頃、我が村の下宮でも、多田薫氏の記憶によれば、営巣地近くの自宅縁側で見物客相手に駄菓子を売っていたという。鶴見物は、庶民の娯楽と子供の教育の場として定着していたのだ。

大正時代、鶴山への内務省の先見性

ここで、当時の行政施策も整理しておこう。「鶴山」フィーバー最初の年の1904（明治37）年、ヒナ育児中の6月2日に早くも八鹿小林区署が、繁殖保護のため「このなわばりの内に入るべからず」との立て札を立て、11月30日には兵庫県が、鶴山の周囲18ヘクタール内を銃猟禁止地域に定めた。地元の室埴村は「瑞鳥コウノトリ」のPRを大々的に行い、これに呼応して住民は「鶴山保勝会」を設立。鉄道会社は観光客誘致に乗り出し、まちには写真、絵葉書が氾濫する。この地元の熱気に押されてか、1910（明治43）年には鶴山が名勝旧蹟地に編入されていく。こうした段階を経ながら、1921（大正10）年3月、鶴山はコウノトリの繁殖地として国の天然紀念物となるのである。

現在の文化財保護法の前身である、「史蹟名勝天然紀念物保存法」が制定されたのは1919（大

正8）年だから、鶴山はわずか2年後に指定されたことになる。国が早い段階で指定したのは、これまで見てきたような「地元の熱意があったから」で、「コウノトリがいる郷土を誇りに思う『郷土愛』が国を動かした」（2019〈平成31〉年、元文化庁文化財調査官の品田穣氏談）と言えよう。ちなみに、1923（大正12）年に鶴山入口に建てられた記念碑には「天然紀念物鶴山鸛蕃殖地」とあり、鶴と鸛とを使い分けている。

では、地元役場の室埴村はコウノトリ保護施策を具体的にどう実施したのか。鶴山に設置した立て札がわかりやすい。押し寄せる観覧者から国有林を守ることに主眼を置いているようで、コウノトリ自体への保護策は「夜中は観るな」だけだ（図2-1）。

公　告
登山者心得
一．通路の外、山林内に入る事
一．山林内通路途中に於いて喫煙の事
一．設備□□を破壊、又は移動する事
一．山林内に於いて汚物を捨てる事
一．樹木を伐採する事
一．夜中観覧する事
右厳禁する
明治45年5月1日　室埴村役場

図 2-1　室埴村が鶴山に設置した立て札の内容

これに対して内務省の考えは論理的だ。1923（大正12）年に天然紀念物・鶴山を調査した報告書（1923〈大正12〉年発刊の『兵庫県史跡名勝天然記念物調査報告書』、内務省の報告書から一部採録）に「鸛の保存に関する意見」が載っている。現代文にして要約してみよう。

鶴山を天然記念物に指定した理由

- 元来、コウノトリのように体が大きな渉禽の類は、生存競争に弱く文化が進むにつれ漸次減少となっていくのはやむを得ないので、特に保護を加え、種の絶滅を防止する必要がある。
- 1908（明治41）年より保護鳥として狩猟が禁止されてきたが、とき既に遅く、繁殖地はわずかに1カ所（鶴山）が保存されているのみだ。
- 故に、単に狩猟法の保護のみを以て足りるとせず、進んで天然紀念物に指定し、種の絶滅防止と普及啓発をしなければならない。

禁猟区を拡張すべし

- 生息地を保存するには、その地域においては銃猟等を禁止し、コウノトリが安静に生息できるようにしなければならない。
- しかし、出石の禁猟区は狭小に失する。
- コウノトリの営巣区域は鶴山以外各所に点在（小坂村、神美村、日高村など）しているので、将来は少なくとも営巣する箇所は全部を包含するよう、禁猟区域を拡張する必要がある。

食餌を給与すべし

- コウノトリは田園に生息する動物のみを食餌とし、植物性のものを摂取しない。
- したがって、生息地の水田を一毛作とし、タニシ、ドジョウ、小魚、カエル等の増殖を図り、これら水生動物を害するような施肥の方法を避けること。

鳥類の安静を期すべし

- 鳥類の保護増殖を期するに最も必要なるは、良くこれを愛護するにある。天然記念物として貴重種の鳥類が保存せらるる所は、（中略）特にその地の住民が鳥類を尊重愛護している所だ。
- この故にコウノトリについても、その生息地の住民、特に児童等にこの種の貴重なる所以を周知し、一般住民に愛護の念を普及することは幾多の人工的保護施設に勝る効果がある。
- 注意すべきは出石の鶴山で、既に名所として知られているために年々観覧者が増加し、特に繁殖時期には接待所、茶店等を設備する有様で、育雛中に多数の観覧人が接近喧噪するが如きは将来の営巣に悪影響が出るのではないか。できれば遠方に観覧場を設備し、喧噪なる行為をしないよう充分注意をするべきである。

この内容には感動してしまう。私はかねがね、一つの営巣地でしかない鶴山だけを保護すること に疑問を持っていた。しかしこれを読むと、鶴山に限定することは「狭小に失する」と認識されて おり、将来は営巣箇所すべてに禁猟区域を拡張すべきと提言している。

この報告書は、課題も簡潔によくまとめられている。しかも、その一つひとつがそのまま、現在の野生復帰の課題である。大正時代に課題整理されていたのに、なぜ解決できなかったのか。児童たちに遠足で見せること以外は、やろうとしてもできなかったのか。

ただし現在の観点では、一つの種を保護するには営巣地だけでなく、生息地全体をまるごと保護すべきだし、それには住民の生活、生業をも見直す必要ありとなるが、まだここでは問わないことにしよう。

「人里に住むコウノトリ」を保護することは、表面的な「保護」や「禁止」では解決できない。結局、里に住む人々自身の暮らしぶりが問われることになるのだから。

昭和初期、最盛期を迎えたコウノトリの営巣

豊岡盆地のコウノトリは、明治期の瑞鳥ブーム以来、順調に増羽して生息域も拡大し、昭和初期

に最盛期を迎える。１９１３（大正２）〜１９３５（昭和10）年の間、旧制豊岡中学校（現豊岡高校）の教諭、岩佐修理氏が、生息地の南にある朝来市和田山町から北の京都府京丹後市久美浜町までくまなく調査されている。営巣数の推移を、論文「カフノトリ」（『兵庫県博物学会誌』第11、第12号所収、１９３６年）で見てみよう（表２-３）。

これによると、１９３４（昭和９）年が20巣と最も多い。この年の親鳥は40羽、幼鳥を含めた個体総数は60羽前後だったと記述されている。１９３６（昭和11）年以降は記載がないが、営巣、個体数とも減少を続けた。調査は約40キロメートルの広い範囲になり、当時は自動車などなく自転車だったろうから、見落とされている巣もあるはず。現に、さきの田鶴野村野上（36ページ参照）も、豊岡町下宮も漏れている。岩佐氏以外の報告例とあわせて考えると、「但馬・丹後地方に生息していたコウノトリは、１９３４（昭和９）年が最も多く、個体数は成鳥、幼鳥合わせて約60〜75羽であった」としてよいと思われる。

東洋のコウノトリは今のところ、ヨーロッパコウノトリのようにコロニーをつくって集団で生活する習性はなく、繁殖ペアになると夫婦単位で強固な縄張りを設ける。但馬地方では２キロメートルくらい離れて営巣するのが常であった。山の中腹のどの巣も前方に水田が開けており、近くに川がある。そして集落に近い所に営巣していることが共通している。コウノトリは、地域の人々と一

表2-3　1913（大正2）年～1935（昭和10）年のコウノトリの営巣数の推移

大正（年度）	2	3	4	5	6	7	8	9	10	11	12	13	14	15
巣の数	1	1	2	2	2	2	2	3	1	1	1	3	3	9

昭和（年度）	2	3	4	5	6	7	8	9	10
巣の数	11	12	15	15	17	17	17	20	18

緒に暮らす鳥であることを再認識させられる。

しかし昭和の初期に但馬・丹後地方で最盛期を迎えたコウノトリは、次第に減少する。なぜか。1994（平成6）年7月、豊岡市中筋公民館に集われた中筋老人会の一人、西田信雄さんは次のように語られた。

「ワシは戦争が原因だと思う。それまでは、何も問題はなかったが（村に）この召集が来たときから米がどうとかと難しく言い出して、（中略）百姓は戦争に借り出され村にはいなくなるわ、草は生えるわ、田は作れなくなるけど、米はどんどん要るようになるわ、我が家の食い分がなくなってしまった。すべて戦場に米を送ったためだ。村に残った女と年寄りは、米も食えないほど苦労した。（中略）その間に村の者は鶴のことなど忘れてしまって…」（『FLY TO THE WILD』豊岡市教育委員会、1996年より）

戦場に送る材木が次々に必要となり、方々の山で木が伐採され、製材されて戦地に送られた。なかでも国有林は国家目的のために何の遠慮もなく木を伐採できる。営巣に使っていた鶴山の松も、1944（昭和19）年に伐採された。

こうなるとコウノトリは移動せざるを得ない。今度は、明治期の売却反対運動のように伐採を反対する者はいようはずもない。男手を戦場に取られた上に食糧増産を強いられた農家は、田んぼに降りて稲を踏むコウノトリに憎悪を倍加させていく…。

ところが豊岡の先人たちはここでも、通常のパターンを覆していた。農家は「別に何の変化もなかった」と言い、「鶴の数は少なくなったけど、居ることは居た」とおっしゃる。戦地に駆り出された西田さんの感慨と、村に残った人の現実の生活感との違いか。

豊岡の神美地区には、古くから田植え唄「鶴の子」が歌い継がれていた。1番の歌詞はこうだ。「鶴の子の　巣立ちはどこよ　山と山　山と山　朝日輝く老松の枝」。

豊岡市香住地区の澤田重雄さん（1902〈明治35〉年生まれ）は、最後の歌い手だった。現在は長谷坂栄治さんの編曲で合唱曲となり、神美小学校の子どもたちが受け継いでいる。澤田さんは地域のリーダーで、農業はもちろん政治や歴史にも造詣が深かった。曰く、「若いころは当番を決めてツルボイ（コウノトリを田んぼから追い払うこと）をしていた。空鉄砲を使った。夕暮れになると、鶴がよく西の方から飛んできた。そんなときに田んぼで「鶴の子」を歌うと、声がすーと行き渡ってそりゃあ、ええもんだった」。田んぼに降りて稲を踏むコウノトリは嫌な奴だが、空を飛ぶ姿は「そりゃあ、

1943（昭和 18）年の片間地区でのコウノトリ営巣の様子

ええもんだった」のである。但馬、豊岡では、大体がこんな感じだ。

出石町片間地区の吉谷富造さんも「20歳の時に終戦を迎えたが、戦争中も変わらずコウノトリはいた」と証言される。実際、同じ片間地区の秋庭和子さんからいただいた写真（上写真）には、1943（昭和18）年の片間地区でのコウノトリ営巣の様子が写っている。戦時中というのに、穏やかな農村と田んぼとコウノトリ。もちろん、コウノトリのことを気にして見守る余裕はなかったのだろうが、目の前で次々と死んだわけでもなく、少しずつ少なくなる〝静かな変化〟だった。

第二次世界大戦後、但馬でコウノトリ保護運動が始まる

第二次世界大戦後、コウノトリが初めて表舞台に登場するのは1950（昭和25）年だ。5月25日付の神戸新聞には次の記述がある。

養父郡伊佐村（現養父市八鹿町）浅間部落の山林にこの春ツルが巣をかけていたが、このほど可愛いヒナが生まれでた、珍しいツルの巣ごもりというので毎日見物人で大にぎわい、同村では出石のツル山とともに名所にしたいと計画中

浅間地区は、出石町桜尾地区から6・3キロメートル峠を越えた田園地帯だ。営巣したのは戦争のため鶴山を追われたコウノトリ夫婦か。終戦から5年が経ち、里での鶴見物も場所を移して復活した。では戦争前の最盛期、1934（昭和9）年には20もあった巣は、戦時中・戦後でどうなったのか。

小林平一氏（「コウノトリ観察記」『野鳥』1948年1・2月号（No.122）所収）、山階芳麿氏・高野伸二氏（「日本産のコウノトリ *Ciconia ciconia boyciana Swinhoe* の棲息数調査報告」山階鳥類研究所研究報告、第13号、1959年）、先述の豊岡高校生物部、コウノトリ保存会の観察記録を見ると、4年後の1938（昭

和13）年には、一挙に6巣と減っている。戦争が影響したのか、地元に調査する人がいなかったことも予想される。

戦時中は先述の吉谷さんの証言によれば、なんとか5巣前後を保ち、戦後の1951（昭和26）年には、室埴村の鶴山付近に3巣、伊佐村浅間そして豊岡市河谷などの7カ所で営巣していた。ただしその後、繁殖は1959（昭和34）年を最後になくなり、営巣、個体数とも減少の一途を辿る。

1951（昭和26）年、文部省はなぜか伊佐村だけを、コウノトリがいなくなった鶴山に代わる繁殖地として、天然記念物指定している。さらに翌年には特別天然記念物に格上げしている。さきの内務省調査報告書（39ページ参照）にあった「1カ所だけの営巣地を指定することは生息実態に合っていない」との意見は採用されなかった。

1953（昭和28）年、さすがに特定の繁殖地を指定しても、コウノトリがしょっちゅう移動してしまうことを自覚したのだろう。地域を定めず、コウノトリという「種」を天然記念物に指定することに切り替わった。1956（昭和31）年にコウノトリは特別天然記念物に格上げされ、同時に「伊佐の繁殖地」は指定解除された。

このドタバタ劇の原因はなんだろう？　今日の感覚からは大いに疑問符のつくところで、私は、天然記念物指定が地元からの申請に基づくものであることも要因の一つではなかったかと思う。現在でもそうだが、人々の関心は「コウノトリの営巣」で、子育てしている様子を地域の名物にしたいとの思いが強かったろう。

ここに1通のハガキがある。差出人は山階鳥類研究所の山階芳麿博士、受取人は林野庁の松山資郎氏である。日付は1954（昭和29）年11月1日とある。内容は豊岡市教育委員会の岡博司総務課長がコウノトリの保護に関心があるとのこと。豊岡方面には岡氏の裏山（河谷地区）をはじめ3巣があるそうだから、同氏に問い合わせて保護について相談してもらえないか、となっている。

山階博士にこの情報が伝わる前段には、次のような経緯があった。浅間のコウノトリ営巣地が国の天然記念物に指定されると、その営巣状況と周囲の地質、植物、動物などの環境を調査するために現地を訪れた一行があった。1952（昭和27）年6月、大阪市立自然科学博物館の筒井嘉隆氏らである。一行は、目的地の伊佐村営巣地にはコウノトリが定着しておらず、豊岡盆地一体で成鳥6羽を数えるのみであったことから、「天然記念物の指定のしっぱなしでは絶滅を待つばかり」と危機感を募らせた。そこで翌年に大阪で生物愛護座談会を、岡博司氏の父である岡三郎兵衛氏の出席を得て開催する。この会で掲げられた保護対策案は次のとおりであった。

- 専門家が地元に来てコウノトリに関する講演会を開き、保護について地元の関心を強めること。
- コウノトリの棲んでいる地域に保存会を結成すること。

・保護を必要とするわかりやすい印刷物を配布すること。
・文化財保護委員会、兵庫県教育委員会などへ保護援助を申請すること。

保護援助の申請とあるのは、この年（1953〈昭和28〉年）の3月に、同委員会がコウノトリの天然記念物指定を「種」に切り替え、兵庫県教育委員会がコウノトリの管理者になったからである。

座談会の1カ月後には筒井氏らが豊岡市役所を訪れ、市や教育委員会と協議している。

研究者たちがコウノトリの保護を地元行政に要請されたときの様子を、後に筒井氏が『町人学者の博物誌』（河出書房新社、1987年）にこう書く。

豊岡市の市長と教育長に、コウノトリは日本中でここだけにしかいないのだから保護するように、私たちも出来るだけお手伝いすると申し出た。しかし、あの鳥は田植時に稲苗を荒らす害鳥だし、又樹上に営巣すると、近郷近在から大ぜい見物に来て、「鶴見酒」と称して飲んで騒いで、若い者の勤労意欲をそぐから保護など出来ないと断られた。

地元行政に「希少種保護」という科学的な見識がないことに驚き、憤慨されているのがよくわかる。でも行政とすれば、戦後復興に取り掛かったばかりのときに希少生物などと言われても、「そんなことより経済（農業）振興の方が重要だ」と思ったのだろう。

こうした研究者によるコウノトリ調査の動きが、東京の山階博士に伝わったのだろう。博士は松山氏に調査を依頼し、その調査報告を受けて意を決せられた。1955（昭和30）年夏、当時の阪本勝兵庫県知事と会談され、コウノトリの保護を強く要望されたのである。

阪本知事は後に、このときの模様を述懐されている。「博士の熱誠あふれるお話は、いたく私の心をうった。しかし率直に白状すれば、そのとき教えられるまで、わが兵庫県下のコウノトリが、それほど貴重なものだとは知らなかった。内心はなはだ恥じ入ったわけだったが、それいらい、誓って博士の付託に応えようと、かたく決意したのであった」（『コウノトリ』阪本勝、神戸新聞社出版部、1966年）

博士の「熱誠あふれる」要望を真摯に受け止められた阪本知事は、早速に豊岡を訪れる。こうして、後に語り草となる熱烈なコウノトリ保護運動が口火を切ったのであった。

「コウノトリ保護協賛会」はなぜ活発に活動できたのか？

1955（昭和30）年、阪本知事の熱意に押された形で、コウノトリ保護に向けた会合が矢継ぎ早に開かれていく。事務局は県の北但農林出張所。会合では出席者各人中に不安（不満？）を抱えながらも、徐々に積極的な保護へ動き出した。当時、検討された具体策を見てみよう（図2-2）。

普及啓発　印刷物の配布、講演会、座談会等の開催で、住民、児童・生徒に保護の知識と愛鳥精神を普及する。

営巣地保護　営巣木を中心に約1.5ヘクタールの山林を禁伐区域として風致保安林に指定、補償する。

餌場確保　年間を通じて集団的に飛来する場所を6カ所程度選定し、1カ所40アールの餌場を設置する。ここにドジョウ、カエル、雑魚を放流して、その地域を禁猟区に指定する。農薬のホリドールによるドジョウやカエルの減少を防止する対策を立てる。

農業対策　農作物の被害に対しては、県費で補償する。

観覧場所の設置　観覧者の撮影、騒音等対策として専用道路、観覧場所を設け、柵や立札などで無断出入りを禁止する。

保存会の設立　早急に、関係団体代表者、学識経験者等を会員とし、知事を名誉会長とする「コウノトリ保護協賛会」を設立する。

図2-2　コウノトリ保護協賛会の設立方針

この保護協賛会の設立方針に対して、豊岡、出石、小坂、室埴、神美、伊佐の関係市町村は全員が同意した。何が地元行政をこんなに変えたのだろう。私は、その理由は4つあると思っている。

1つ目は、何と言っても阪本知事の熱意と真摯な姿勢だろう。そもそも行政という組織では、知事が声を大にして説かれることに、自治体が異を唱えることはまれだ。しかも施策遂行の費用は（市費ではなく）県費で賄うと明言されたので、責任が軽い。自治体の長が協賛会設立同意に傾いたのは自然の成り行きだった。とはいえ、やはり根っこのところでは、知事の不退転の姿勢、つまり「ハート」が、地元の「ハート」を揺り動かしたのだと思う。

2つ目は、「山階博士が言われた」からだと思う。知事とは違って行政と直接の関係はないのだが、「皇族の博士がおっしゃるのだから…」と気持ちを収めやすい。

3つ目は、県職員の松本利明氏の存在である。肩書は兵庫県北但農林事務所長。知事の命を受けて事務局として地元市町をまとめるのだが、この方がまた知事同様に熱血漢、そして無類のコウノトリ好きだった。だから困難な調整役を「我が道」とばかりに遂行されたのだ。

そして最後の4つ目。コウノトリの「特別さ」だ。害鳥で迷惑な鳥だが、魅力的でめでたい鳥でもある。営巣すれば名所になる。「そりゃあ、できるなら保護してやりたい」のが本当のところだろう。

こうした関わる人たちの「熱意」と「ハート」、公的な人材からの「お墨付き」、そして「特別な鳥であるコウノトリ自身の魅力」。これは、この先の野生復帰の道筋にも共通する理由だと思っている。

こうして1955（昭和30）年11月に「コウノトリ保護協賛会」が発足する。

知事が名誉会長、豊岡市長が会長となり、会員はコウノトリが生息する自治体、つまり豊岡市、出石町、日高町、八鹿町の各市町長と議会、県立豊岡高校、農業協同組合、商工会議所、関係行政機関、ロータリークラブ、ライオンズクラブ、観光協会、猟友会、有識者で構成され、事務局は兵庫県北但農林出張所が担当した。主な活動としては、資料の収集、習性の研究、保護育成の対策、愛鳥精神の振興などが決まり、早速に展開された。啓発用標柱などの設置や「こうの鳥を愛しましょう」と単刀直入に書かれたポスター貼付などがそれである。また同時にサギ駆除が実施された。農家を説得するために犠牲になってくれた形だ。

ただし肝心のコウノトリの繁殖は、協賛会設立時と翌1956（昭和31）年は、5羽（豊岡市福田1羽、出石郡小坂村2羽、伊佐村2羽）が巣立ちできたが、1957（昭和32）年からは福田の巣だけになってしまう。江戸末期から生息してきた但馬・丹後の地域個体群は、いよいよ存続が風前の灯火となってしまった。

保護活動はさらに加速、「但馬コウノトリ保存会」の発足へ

1958（昭和33）年1月には、保護活動をさらに本格化するため、コウノトリ保護協賛会を改称した「但馬コウノトリ保存会」が発足。事務局は北但財務事務所に移され、事務局長には財務事務所長となられた松本利明氏が引き続いて就任された。

保存会は、知事、市長、町長やほかの機関・団体の長というそうそうたるメンバーで構成された大組織だったが、実動部隊は少数。どうしても活動は、カリスマ的人物に頼らざるを得ない。それがこの松本氏だった。後に兵庫県庁を退職され、1963（昭和38）年に豊岡市助役に就任されると、保存会の実務も豊岡市に移管される。事務局が豊岡市役所内に移されると、市及び教育委員会の職員有志が、兼務で保存会の仕事にあたった。

この移管のおかげで、保存会の総務部長の友田英彌氏、獣医師の小山幸夫氏という、「コウノトリが三度の飯より好き」という名物職員を生み出すこととなるが、これはもう少し後の話になる。

ここで初期の保存会の取り組みを紹介しておこう（図2-3）。

生息数の調査　個体数（成鳥、ヒナ）と巣の数を、繁殖期、繁殖終了後、厳寒期に一斉調査することが掲げられた。これを受けて精力的に調査活動したのが、豊岡高校生物部であり、出石中学校であった。このときのデータは今も参考にされている。

コウノトリをそっとする運動　呼びかけや啓発ポスター、標柱の設置など、コウノトリをともかく静かに見守ろうとするもの。後に人工巣塔が設置されると、外部からの見物人など、周囲への立ち入り厳禁措置がとられた。

但馬コウノトリ研究会　但馬地方全域の中学校理科教育の一環として設置され、コウノトリの生態・分布などを共同研究。出石中学校科学クラブのコウノトリ研究班の調査（1957〈昭和 32〉年からの３年間）は、特に有名。

ドジョウ１匹運動　1962（昭和 37）年、給餌用のドジョウが不足していることを聞いた佐用郡三日月中学校が、40 キログラムのドジョウを持参し提供したことが契機となって展開。但馬管内の小中学校 67 校、管外学校６校から、合計約 17 万５千匹のドジョウが持ち寄られた。翌年の豪雪の際にも西日本一帯からドジョウが寄せられた。

愛の拠金運動　小中学校、商工会議所、青年会議所、ロータリークラブ、新聞社などが中心となり立ちあがった。総額 374 万円（1963〈昭和 38〉年）が寄せられた。

保護員の設置　コウノトリの日常的な様子を観察し、情報を共有するため市内各地に保護員を配置。六方田んぼでは百合地地区の北垣隆氏と駄坂地区の竹中喜美氏、田鶴野地域は山本地区の谷部仁左衛門氏、五荘地域は福田地区の段中健一氏があたった。

孵化率の悪さの解明　本文 56 ページ参照。

図 2-3　但馬コウノトリ保存会の初期の活動

「孵化率の悪さの解明」については、より詳しく記したい。1958（昭和33）年、繁殖が確実視された7巣のうち、繁殖・巣立ちは福田の巣のみで、ほかはすべて無精卵か産卵自体が不明という結果に、関係者は大きなショックを受けた。原因は何なのか。気候の不順、冬季における餌の不足、近親交配による遺伝的欠陥、あるいは農薬使用による直接及び間接の影響か。翌年も繁殖・巣立ちは福田の巣のみとなり結局、これが当地方最後の繁殖となった。

そこでいよいよ「孵化率低下の原因を速やかに解明して之を除去してやるのが急務」として、次の項目「①農薬の使用を減らす」「②給餌場の設置」「③営巣場所としての大きな松と林の保存」「④人工営巣場所の設置」「⑤サギ類との関係の調査」が掲げられた。（以下、引用文箇所は、山階芳麿氏・高野伸二氏〈「日本産のコウノトリ *Ciconia ciconia boyciana Swinhoe* の棲息数調査報告」山階鳥類研究所研究報告、第13号、1959年〉より）

① 農薬の使用を減らす

近年農作物の害虫に対して農薬の使用が盛になるにつれ、これによる鳥類の直接的な害が認められてきている。コウノトリは湿地、水田等で餌をとるので農薬との関係は最も密であると思われる。斃死に迄至らなくても生殖細胞は影響をうけるかも知れない。又農薬の使用によってコウノトリの餌となるべき水棲小動物の減少という事も考えられるので、特に巣の附近における農薬の使用は出来るだけ制限する事が望ましい。

昭和30年代といえば、農業の近代化が推進され、農薬を使うことが必須、まさに大量使用の真っ盛りだった。これまで悩まされ続けてきた病害虫への即効性があり、重労働から解放される農薬は、農家にとっては宝物だった。戦後すぐのDDT、BHC、パラチオン（商品名ホリドール）などの有機塩素系殺虫剤や病害対策の水銀剤、1957（昭和32）年からの除草剤PCP、2,4‐Dなどは強力な毒性があったが、社会はまだその危険性を十分には問題視していなかった。ちなみにレイチェル・カーソンの『沈黙の春（Silent Spring）』のアメリカでの出版は、1962（昭和37）年だ。それよりも先んじた1959（昭和34）年、保存会は警鐘を鳴らす。

数少ないコウノトリの保護のために農薬使用を控えてほしいと言っても、当時の食糧増産に沸く社会は聞く耳を持たない。「特に巣の附近における」と注意喚起するのが精一杯だったのだろう。しかしこの時点で、コウノトリの絶滅＝農薬使用という図式のスタート地点に立った意義は大きい。

②給餌場の設置

湿地、水田等の小動物の減少からコウノトリの餌の不足特に繁殖期直前の餌の不足が、産卵率や孵化率に影響することも考えられるから、一定の地域を給餌場とし、人工的に小動物を増殖又は給与して、そこでコウノトリが餌を採る様に慣らす。この給餌場は田畑から流れ来る農薬の汚染を避ける考慮が特に重要である。

コウノトリが野生復帰すれば、餌生物は確実に不足する。そうかと言って、農業の方向を変えることは一朝一夕ではできない。ならば当座しのぎに一定の地域（民有地4カ所を借上げて）の給餌場が要る。後に飼育下のコウノトリを野外に放鳥する計画が具体化しだした頃、私が最初に描いたのはこの給餌場であった。私の時は「水田ビオトープ」というものになったのだが（第9章参照）、昭和のこの当時、「いよいよ絶滅か」という切羽詰まった状況で関係者が考えたことも同じだったことが感慨深い。

③営巣場所としての大きな松と林の保存

現在コウノトリが営巣しているのは山腹の大きな松が大部分であるから、従来営巣している松及びその附近の松林はなるべく現状のまま保存する様にしたい。

④人工営巣場所の設置

コウノトリに一般の人の関心をもたせるため、又、充分に保護監視を行うためにも、人工的な営巣場所を作る事が必要である。（中略）その附近に給餌場所をもうけてそこで常に充分な餌がとれる様にすれば餌の不足も防げる。

この方針はすぐ実行に移された。1959（昭和34）年に百合地の田んぼに、古い電柱を利用した2基が設置された。百合地が選ばれたのは、前年に近くの電柱に巣づくりしたペアがいたことだ。この巣は送電に支障ありと撤去されてしまったが、電柱の近くに設置すれば巣塔で営巣するのではと考えたのだ。はたして、ペアは4月中旬に飛来し巣づくりして産卵。だが卵はすべて無精卵であった。

⑤サギ類との関係の調査

コウノトリの棲息地域にはサギ類（アオサギ、コモモジロ、チュウサギ、ゴイサギ）が多く棲息しているので、コウノトリの餌となる小動物がサギ類に食べられて餌が不足するという事も考えられる。

現在では、サギとの餌の競合はあまり問題にならない。当時と比べると、サギが大幅に少なくなったためだろう。

以上の但馬コウノトリ保存会の活動は、大筋では今日の取り組みとそう変わらない。そして手探りで出発した保護活動は、「数年前、昨年、今年と比較すると急速に良い方向へ進んでいる」(高野伸二氏、1959年談)と評価されるまでになっていった。保存会は、当初の調査研究部と事業部に加え、1964(昭和39)年からは総務部と建設部が加わり、多いときの保存会は総勢23名が実務に携わっていた。

では肝心のコウノトリはどんな状況だったのだろうか。次の第3章から、コウノトリ野生復帰に向かう経緯を見ていこう。

ほかの鳥と混同されやすいコウノトリ

コウノトリが登場しにくい理由には、「コウノトリ」という呼称が史料になかなか出てこないことがある。あるのはプロが書いた書籍、辞書・図鑑、俳句で、庶民が日常的に話題にする鳥ではなかったようだ。私が探してみた中から、さまざまな呼ばれ方とその意味を探ってみよう。

鶴【つる】

古くから、コウノトリはツルの一種と考えられ、混同されてきた。日本では「白くて大きい鳥は、めでたい」とされてきたので、余計に同一視されたのだろう。桜井勉による地誌『校補但馬考』によれば、「我が国でつると称するものは、丹頂、くわーづる（著者註：鵠鶴、コウノトリのこと）、まなづる、なべづる、くろづるあり」と記されている。混乱の理由は、姿かたちが鶴によく似ていることにある。

ほかにも平安時代に成立した日本最古の日記文学といわれる、紀貫之の『土佐日記』

には、「松の『枝ごとに鶴ぞ飛びかよふ』『松のうれごとに住む鶴』とあるようだ（出典は『芭蕉とその方法』井本農一、角川選書、１９９３年）。ツルは地面に巣を設け、コウノトリは樹上に巣をつくる。ツルは木の枝には止まれないが、コウノトリは枝に上手に止まることができる。見方によっては、コロニーをつくるサギではないか……とも悩ましいが、少なくともツルではない。つまり、紀貫之が見た鳥はコウノトリではないかと考えられる。

だが「松に鶴」の構図は（たぶんコウノトリなのに）、めでたい絵として江戸時代にしっかりと定着したようだ。松も鶴も長寿の象徴。花札にも描かれているので日本独特のものかと思ったが、どうやら中国の画家が広めたらしい。韓国の清州《チョンジュ》市に行ったとき、料亭の襖にこの「松に鶴」が描かれていてびっくりしたことがある。中国から朝鮮半島や日本に入ってきたのだろう。

明治末期に旧出石町室埴村でコウノトリフィーバーが巻き起こったとき、目の前に実物のコウノトリがいるのに、「松に鶴」を絵葉書にして売っていた。ともかく絵にする場合は「松に鶴」だったのだ。豊岡周辺では、呼称もツルと呼ぶことが古くから一般化していた。

さすがに今では誰も言わなくなったが、平成初期の頃、出石町出身の廣井大 教育長は普通に「ツル」と言われていた。「教育長、コウノトリですよ」と耳打ちしたことを覚えている。それほどに「ツル」が生活に浸透していた。

鴻【こう】

おほとり、「雁の大きいもの＝菱食い（ヒシクイ）」とされる。鴻雁とも記される場合はオオヒシクイを指すと思われる。

「燕雀《えんじゃく》安《いずく》んぞ鴻鵠《こうこく》の志《こころざし》を知らんや」ということわざがある。ツバメやスズメのような小さな鳥には、オオトリやクグイのような大きな鳥の志すところは理解できない、転じて「小人物には大人物の考えや志がわからない」、という意味だ。豊岡市にある城崎温泉の〝鴻の湯〟に「コウノトリが湯治に来て発見した」との伝承があるのも、地元の人々の熱い思いが反映したのだろう。ところが、埼玉県鴻巣市の〝鴻神社〟にはコウノトリが大きなヘビを退治したという伝説がある。ヘビはコウノトリの餌生物。がぜん、現実味を帯びてくる。

鵠【くぐい、くぐひ、こく】

白いおほとり、狭義の白鳥のこと。私の住む豊岡市下宮には、重要文化財の「久々《くく》比《ひ》神社」があり、「くくひ」はコウノトリのことを指すと言われている。明治期の文書には「鵠神社」としているものもあるので、この頃にはコウノトリの伝承が定着していたものと思われる。由来は『日本書紀』の記述だ（古事記にも同様の記述がある）。内容を要約する。

「第11代垂仁天皇が皇子と立っていると、鵠が鳴きながら大空を飛び渡った。これを見た皇子が「是何物ぞ」と、生まれて初めて声を発せられた。天皇はいたく喜び、「誰か能く是の鳥を捕へて献《たてまつ》らむ」と仰せになると、天湯河板擧《あめのゆかはたな》が「臣《やっこ》必ず捕へて献らむ」と申し出て、出雲で捕らえた。あるいは但馬で得たという人もいる。皇子は持ち帰った鵠と遊びながら、ついに言葉をしゃべるようになった」というもの。久々比神社は、この但馬での捕獲説を根拠にしている。神社の裏に豊かな森があり、前にはかつて水辺が広がっていたこの地こそ、コウノトリが生息する環境で、天湯河板擧が捕まえた

column 01

地なのだと。

明治時代になると、政府は鵠を狭義に使うようになる。1892（明治25）年に制定された狩猟規則では、「鵠＝ハクチョウ」として季節限定の保護鳥に指定されている。

だがさらに調べると面白い文書を見つけた。1923（大正12）年に発刊された、兵庫県による『兵庫県史跡名勝天然記念物調査報告書』（内務省の報告書から一部採録）である。この中で何度もコウノトリを鵠と表現されており、「鵠には二種類あり、一はコウノトリと称し、ほかはナベコウと称する」とある。内務省の報告書では「鸛」とあるのに。大正の時代にあっても呼称はまだ、混乱している。

田鶴【たづ】

田んぼとコウノトリはベストマッチ。これはわかりやすい。ツルも田んぼで採餌するが、わざわざ「田」を付けているのだから、この鳥はコウノトリでいいと思う。

豊岡市には「田《た》鶴《づる》野《の》」という旧村名がある。

column 01

鸛【くぁん】

この漢字がコウノトリを指すことは、誰も異論がないだろう。問題はどう読んでいたかだ。「鸛ニ訓ナシ」と記された古書もあるらしいが、一般の人々は中国語の「くぁん」をそのまま発音することはまずなかっただろう。

『週刊　日本の天然記念物22』（小学館、2002年）で三宅直人氏は、「唐船持渡鳥類」のコウノトリの絵に、「鸛（コウ）」とフリガナがあり、その横の「華鳥譜」のコウノトリの絵には「かう」と記されているものを紹介されている。もしかすると、この「コウ（かう）」に「鳥」を付けて、徐々に「コウの鳥」となったのかもしれない。

大正時代になると、「こふのとりの営巣」と、コウノトリが報告書のタイトルとなって登場している（『科学知識』、内田清之助、1925年）。本文では「鸛」と書かれ「こふのとり」とルビが打ってある。プロの世界で徐々に、鸛＝こふのとり、かふのとりが定着し、戦後に入ると一般社会でも少しずつ「コウノトリ」が定着していったのではないかと、私は考えている。

第３章

絶滅からの鮮やかな復活劇
―１９６３～１９９０年

加速度的に絶滅に向かうコウノトリ

肝心のコウノトリの繁殖は１９６０（昭和35）年以後、どの巣も「産卵すれどもヒナは孵らず」の報告が続き、まったく見られなくなってしまう。そこで考えられた対応策が、孵卵器による人工孵化だ。１９６３（昭和38）年、福田の巣から卵3個を採取し京都市の岡崎動物園に依頼したが、3個とも有精卵ではあったが孵化には至らなかった。翌年は栃江と木内の巣から5個の卵を採取して同動物園で人工孵化を試みたが、すべて無精卵だった。

これほどに孵化に至らないということは、一体何が原因なのだろう。親鳥の老齢化か、近親婚による遺伝的劣化か、それとも農薬の影響か。関係者はよくわからないまま、疑心暗鬼で見守るしかなかった。加えて、ワナや感電による死亡が続く。列挙してみる。


1959（昭和34）年　1羽、電柱での感電死。

1960（昭和35）年　1羽、両脚をへし折られる（ウナギのワナ？）。1羽、衰弱死。

1961（昭和36）年　1羽、ワナに掛かるが救護される。1羽、病死。1羽、腐乱死体で発見。

1962（昭和37）年　1羽、衰弱死。

1963（昭和38）年　1羽、イタチワナに掛かり死亡。1羽、イタチワナに掛かるも飛び立つ。


一般的に一つの種（地域）の個体群が、さまざまな要因で減少し始めると、その集団サイズが小さいという理由だけで絶滅しやすくなると言われている。個体群が大きかったときにはさほど影響しなかった変動要因が、集団が小さくなるほど強い力を及ぼすことになるからだ。こうも次々と死亡すると、より加速度的に絶滅へ向かうことになる。1959（昭和34）年に20羽だった個体数は、4年後の1963（昭和38）年には14羽にまで減ってしまった。

いよいよ最後の手段は人工飼育しかないのではないか。最初に声を上げたのは地元だった。1957（昭和32）年9月、但馬コウノトリ保存会による「コウノトリ総合保護対策但馬地区研究懇談会」の席上だった。コウノトリ保存会の人たちにとって、目の前で次々と死んでいく姿を見るのはたまらなかったのだ。その声は山階博士や文部省文化財保護委員会に伝わり、1963（昭和38）年4月、ついに人工飼育の方針が決定した。翌年には、兵庫県教育委員会もこの方針を決定している。人工飼育に踏み切った理由を、阪本勝 兵庫県知事はこう述べている。

水田や浅い小川で餌をあさっているコウノトリは、つねに、農薬でよごれた水を飲み、そのよごれた水の中にいる小動物を食べている。だから、農薬の害毒にさらされているのは疑う余地がない。これが原因となって、無精卵を生むこととともなり、有精卵さえ孵化しなくなり、自然孵化も人工孵化も結実しないこととなる。ゆえにコウノトリを農薬から切り離して育てるべきだ。

（『コウノトリ』阪本勝、神戸新聞社出版部、1966年より）

人工飼育が正しい方法との確信を持つまでには至っておらずとも、「ともかく、やるしかない」の が心境だっただろう。絶滅しかかっている原因が人間の影響によるものなのだから、人の手によって特別の愛情をかけて保護（飼育）すべき、と。さらに阪本知事のこんな言葉も残っている。

ほろびゆくものはみなうつくしい
しかし　ほろびさせまいとするねがいは
もっとうつくしい

阪本知事退任の後、金井元彦氏、坂井時忠氏、貝原俊民氏、井戸敏三氏と知事は変わったが、コウノトリの保護事業は、高度経済成長期であっても、人工飼育が成功せず「税金の無駄遣い」と揶揄されても、一貫して遂行されてきた。だからこそ今日がある。これぞ阪本知事の遺産であり、兵庫県が世界に誇り得るものだと思う。

人工飼育の方針が決まった1963（昭和38）年、残るコウノトリは11羽になった。飼育下に移す際の方針を示す記録は見当たらないが、「ともかく1ペアを飼育下において繁殖させたい」と考えていたようだ。

後の2011（平成23）年7月、但馬コウノトリ保存会の総務部長として長く尽力された友田英彌氏に、当時の状況を尋ねて記事にしたことがある。そのなかから抜粋してみよう（コウノトリ湿地ネット機関誌「パタパタ」第14号、第15号より）。

当時は、但馬地域どこでもコウノトリへの意識は低かった。いくら山階先生や阪本知事が保護の必要性を説いても、現実の生活の方が優先されてピンとこなかったのだろう。とくに農協は農業の近代化＝農薬・化学肥料の使用の課題があったが、市長が会長になったので、組織の発足に納得されたのだと思う。

松本さんが市の助役になられたのだから（保存会事務局も）市が持たねばならないだろうと、上層部は判断したのだろう。だけど、保存会の仕事は来たんだが、人は付いてこなかった。だから、秘書課の私がすることになった。

その体制でよくあれだけの活動ができましたね、と驚く私に、友田氏はこうおっしゃった。

「あの鳥は素晴らしいわ。またとないきれいさだ。最近、自宅の周辺にも飛んでくることがあるが、やっぱり素晴らしい！」

「天の声の至上命令だと思ったね。『守らねば』という使命感と言ったらいいのかなあ」

苦闘の人工飼育①地元でやらねば！ の用地選定

1964（昭和39）年3月24日、文部省の行政委員会・文化財保護委員会による人工飼育正式決定に基づき、兵庫県教育委員会は、飼育場建設地の選定を豊岡市、コウノトリ保存会と共に行う。前年に山階博士にも候補地の現場を見てもらい、候補地5カ所の中から、豊岡市野上を選定した。中心市街地から約3キロメートル、郊外の田園地帯の先にある行き止まりの谷あいだ。選定理由は、次の5点である。

- 水田から離れ、三方が山に囲まれているので、農薬の影響がない。
- 人家より相当離れ、人が近寄りにくい静かな土地である。
- 水質並びに水量ともに恵まれた土地である。
- 管理の点から、ある程度交通が便利である。
- 将来、1基160坪のフライングケージ増設も考慮し、少なくとも2〜3基程度の平面がとれること。

先述の友田氏は、これに「日照時間」「用地取得の可能性」「周辺地が開発されないこと」を条件に加えてもらったという。さらに友田氏の話で興味深かったのは次のくだりである。

「コウノトリを人工飼育に切り替えるとき、文部省は『もし地元でできないなら東京でやる』と言ったんだ。タンチョウやアメリカシロヅルの人工飼育の先例もあったので、『地元でやらねば』と訴えて、豊岡でやることに踏み切った」

保存会の意地、いやこれこそが品田穣氏の言われる「郷土愛」の真骨頂だ。東京でやれば、中央官庁も研究者もお金もみんな揃う。科学的で、万全な体制で行えるだろう。でも、コウノトリは里の中で人々に支えられて生息する鳥。「地元でやらねば」の熱意と信念が国を押し切った。友田氏はこうも言う。

「地元の人には、将来は野に帰すことを目的にすると説明したら、わりかたスムーズにいったのを覚えている」

ひとまずケージに入れるが、やがて野に帰す（野生復帰させる）。後々、この言葉は関係者の肩に重くのしかかってくるのだが、このときはまだ誰も意識していないのだった。コウノトリを飼育する用地の取得は、豊岡市が地権者と折衝して、田と畑（登記面積3550平方メートル）を取得し、事業主体である兵庫県に無償貸与される方式が採用された。

苦闘の人工飼育②手に汗握る捕獲作戦

飼育するフライングケージもできあがり、いざペアの捕獲へ。しかし大型の鳥、しかも数がわずかとなった貴重な鳥を無傷で捕獲するとなると、妙案がなかなか出てこない。日本での先例も見当たらない。欧米では火薬の力を利用して網を飛ばす「キャノン・ネット」という方法で成功例があったらしく、詳細は不明ながらこの方法が採用されることになり、米軍のW・ロールストン氏に操作をお願いすることとなった。

捕獲のための餌づけは、3カ月前から行われた。毎日、早朝から日没までの観察と給餌という地道な作業が続けられた。場所は福田だ。

以下は、吉井正氏の文章（「キャノン・ネットによるコウノトリ捕獲成功」『私然』No.41、昭和40年4月号）からの要約だ。

6時15分、コウノトリ夫婦はすっかり安心した態度で首をエサ池に突込んで盛んに好物のドジョウをたべております。筆者（著者註：吉井氏）は絶好の瞬間をえらんで、すばやく、しかし注意深くロ氏（著者註：ロールストン氏）の肩をたたき、発射の合図をしました。途端に、発射。赤い尖光。そのつぎに双眼鏡を通じて見たものは、（中略）雪の上に静かに横たわる二羽のコウノトリの姿でした（中略）。

コウノトリはショックのため身体をぐったりと地上に横たえ、ただ悲しそうな目で人間をながめておりました。もう一羽を乗せたジープは約20分後に到着。これも直ちに同じ小ケージに収容されました。（中略）暗やみのなかで作業は静粛、敏速に完了し、必要人員のみをケージに残し即刻全員退去、宿舎の文教府に向け出発しました。帰りの車中は、それはもう、感激、興奮を超えて、「劇的」という言葉があてはまるシーンでした。「よかった。よかった。ありがとう。ありがとう。」をくり返す県の金川社会教育課長、これに答えて肩をたたき握手する地元保存会の人たちのお顔にはいずれも、暗いジープの車内に時おりさしこむ外の光にキラリと光る宝石のような涙があるのを私は見ました。

緊張感と達成感、そして安ど感に溢れている。単なる「持ち場の仕事をこなす」ではない。日米の研究者、国、県、市の職員、そして民間の保存会員の、今で言う「ワンチーム」で成せた出来事だった。

苦闘の人工飼育③熱意の飼育管理者採用

次は、飼育管理者を採用しなければならない。当初の管理人が短期間で辞めたため急遽呼ばれたのが、高校生時代に豊岡高校生物部としてコウノトリ観察を行っていた、松島興治郎氏だ。鞄製造業を自営で行っていたが「すわ、一大事」とばかりに馳せ参じたのだ。1965（昭和40）年5月1日付で「コウノトリの生態研究に経験を持ち、動物愛に徹した民間人」として、但馬コウノトリ保存会の事務局員として採用される。その後1981（昭和56）年に市職員となり、2002（平成14）年に定年退職するまでコウノトリ保護・飼育一筋に取り組まれた。

ここで、国、県、市、民間団体の所掌（役割分担、権限）、費用の支出区分等の基本的な位置づけについて触れておきたい（図3-1）。現在においても基本は変わっていない。

今日から見ると、「野生動物であるコウノトリに管理者を置く」という行為には大きな疑問が生じる。実際、コウノトリのほかには管理者のある野生動物はいない。この発想は、特別天然記念物となった1961（昭和36）年当時、兵庫県と福井県の2県でしか生息していなかったことによるものだろう。現在、コウノトリはその強い飛翔力で47都道府県のすべてに飛来し、うち12府県で繁殖している。

こうした状況を反映してか、今日では「管理団体」という言葉はほとんど使われなくなった。

国：文部省文化財保護委員会

(1968年～文化庁文化財保護部に名称変更)
「文化財保護法(1950年施行)」に基づき、「我が国にとって学術上価値の高い」(第2条1項4号)特別天然記念物コウノトリの「保存が適切に行われるように」「努めなければならない」(第3条)。文化財に指定した者としての責務だ。ただし、所有者または管理者ではないので、側面からの指導、助言、補助が行為となる。

県：兵庫県教育委員会

県も国と同様に、記念物の保存が適切に行われるように努める責務を有する(同法第3条)。兵庫県は、1962年に福井県とともにコウノトリの管理団体に指定(同法第113条)される。
指定後のコウノトリ保護増殖は、兵庫県、福井県が事業主体となったため、事業費は「管理団体の負担」(同法第116条)とし、国は必要に応じて補助する。

市：豊岡市

市町村も、国や県と同じく、適切な保存に努めなければならない(同法第3条)。監視と現状変更の手続き、普及啓発だ。第一義的には管理者・兵庫県の業務となるが、事務局の所在は神戸市、約150キロメートル離れた遠方である。そこで、県は実務の遂行を豊岡市に委託することとした。この委託方式は、今日の野生復帰に非常に大きな意義をもたらしたと考えている。地元の熱意や思いをそのままに「豊岡型」で行うことができたのだから。

民間団体：但馬コウノトリ保存会

豊岡市は、県から受託したコウノトリ保護増殖事業を保存会に再委託した。動物相手の専門的な取り組みであること、通常の手続きでは間に合わないことも起こり得ることなどが理由だったろう。松島興治郎さんは、飼育管理者として保存会が採用し、専属事務局員と位置付けられた。

図3-1　国、県、市、民間団体の役割分担と位置づけ

苦闘の人工飼育④捕獲成功するも、無念の消滅

真新しいケージにコウノトリのペアが入居し、保護活動は飼育で増殖を図るステップに入った。これで安心して繁殖行動に入るはず、だったのだが、事はスムーズに進まない。1965（昭和40）年6月にメスが大腸菌による卵秘（卵詰まり）を起こして死亡、12月にはオスが事故で死亡してしまう。

実はこの頃、豊岡以外にもコウノトリが細々と生息している地域があった。それが管理者にも指定された福井県だ。昭和初期以降は大陸からの飛来が不定期にあり、1957（昭和32）年3月、武生市（現越前市）の電柱で営巣したことから定着が進み、5月には小浜市でヒナ3羽が繁殖している。以来、武生、小浜の両市で巣ごもりや繁殖があったが、1964（昭和39）年を最後に繁殖がなくなり、1966（昭和41）年5月、最後の1羽が姿を消し、福井での繁殖個体群は9年で消滅した。

福井での状況は、日本への飛来～定着～消滅までがコンパクトでわかりやすい。事故もトラバサミ（1羽）、感電死（2羽）、射殺（1羽）、そして農薬死の疑いも複数あるとされる。保護運動も似ていて、「武生市コウノトリ保護会」の設置、人工巣塔の設置（どちらも1959〈昭和34〉年）、そして「産卵すれども孵化せず」→人工孵化の試み→捕獲の試み（1966〈昭和41〉年）など、活動の流れは同

じだ。

悲劇は続く。1966（昭和41）年1月、豊岡市内で1羽の死亡が見つかり、福井での定着組も5月に消滅し、日本におけるコウノトリは1966（昭和41）年6月時点でいよいよ豊岡盆地の7羽のみとなってしまった。

そこでこの年、兵庫県教育委員会と但馬コウノトリ保存会は、第2回目の捕獲を決定する。目標は「全鳥捕獲とするが、とりあえず2つがいを」である。この方針に基づき、1966（昭和41）年1月に加陽のペアを、2月には予定外で餌付けでケージに入ったペアを、1969（昭和44）年1月に上郷のペアをそれぞれ捕獲して人工飼育に移した。野外に残るのは、百合地の巣塔で暮らすオス、たった1羽となった。ケージ内の3組の夫婦は懸命に繁殖行動したのだが、野外と同様に産卵すれども無精卵であったり、有精卵でも孵化に至らなかったり。暗雲が漂う中、1965（昭和40）年に捕獲収容した2羽はその年のうちに死亡、1966（昭和41）年と1969（昭和44）年に捕獲収容の6羽は、1969（昭和44）年5月までに相次ぎ5羽が死亡する。結局、この時点で飼育下1羽、野外に1羽となってしまった。

苦闘の人工飼育⑤農薬の影響を疑う

「ヒナが孵化しないのは農薬の影響ではないか」。関係者が抱いていた疑いを科学的に証明したのが、東京教育大学農学部農薬化学研究室の武藤聰雄 教授だ。1966（昭和41）年、文部省文化財保護委員会からの依頼に応え、研究結果を日本応用動物昆虫学会で発表された。概略は次のとおりである。

1965（昭和40）年に死亡した豊岡2羽、小浜1羽について薬害を検出した結果、比較対照したニワトリ体内の水銀含有量は極微量であるのに、豊岡のオスは体重1キログラム当たり約14ミリグラムときわめて高い。「鳥類は哺乳動物よりも毒物に対して抵抗力が弱く、餌を通じて体内に蓄積された水銀が、コウノトリの致命的原因である」。3羽の死因は「農薬汚染を受けた餌を長期間にわたり摂取したことに起因する慢性中毒が間接的原因と考えられる可能性が大きい」と結論づけたのだ。

このニュースは、コウノトリ関係者を一層不安に陥れた。野外で生息しているコウノトリを捕獲して隔離しても、その個体も既に汚染されている…。阪本知事は、前掲書で「自然の林野に生息させておいても、ケージに収容しても、しょせん人為的な死の犠牲となるにすぎない」と悲嘆されている。

当時コウノトリ保存会の総務部長だった友田英彌氏は、「ともかく、剥製にするのが間に合わないくらい、どんどん死んでいった」と述懐される。「どうやら人工飼育はうまくいっていないようだ。失敗したらしい」との話が広まると、市民の間にも「だからケージの中でやることは反対だったんだ」と声を大にする人も現れる。

友田さんは、街を歩いていても、誰かに後ろ指を指されているようで落ち着けなかったそうだ。最もつらい思いをされていたのは、現場で鳥と接し寝食を共にしていた、松島さんだろう。後年、当時の気持ちを率直に訪ねてみた。

「世間から私の耳には、飼育場はいつ閉鎖するのか、などという声も入ってきました。私自身も、コウノトリが増えていくという確信は全くありませんでしたが、それでも毎日飼育を続けました。なぜ続けていったのかと聞かれても、答えようがありません。暗闇の中をひたすら飼育し続けたのです」（『舞い上がれ再び』豊岡市教育委員会、1994年）

1971（昭和46）年4月14日、野外で最後に残った1羽のオスが犬に追われて負傷しているとの通報があり、翌15日、香住地区で保護されて飼育場に移されるも、25日に死亡する。とうとう日本で定着していたグループが自然界から姿を消した。しかし時代は高度経済成長の真っただ中。コウノトリからの悲痛な訴えに、社会はほとんど無関心だった。

1986（昭和61）年2月、20年前につがいで捕獲されてケージに入り、夫に先立たれた後はずっと1羽で過ごしていたメスが飼育場で死亡した。老衰だった。社会から隔離されたまま、ひっそりと消えていったのだ。そしてこれが名実ともに、江戸末期から続いてきた但馬・丹後個体群の消滅であった。滅びゆく彼らに寄り添われていた友田さんや松島さんたちは、胸が締め付けられる毎日だったろう。

ロシアからの個体導入で快挙！　初の繁殖成功

1980年代初頭のコウノトリ飼育場は、国内で捕獲個体2羽、中国、台湾生まれが2羽、合計4羽が飼育されるのみとなっていた。飼育下での繁殖の試みがすべて不成功に終わり、いよいよ万事休すとなっていた。まさに「暗闇の中をひたすら飼育するのみ」の状態であった。

残された道は「大陸の生息地からの導入しかない」との議論が、行政内部でどの程度あったかは不明だ。だが結果的には驚くべき速さで旧ソ連からコウノトリを譲り受ける話が進んだ。1985（昭和60）年7月8日、兵庫県と友好提携関係にある旧ソ連ハバロフスク地方から6羽のコウノトリが寄贈されることが発表されるや、同月27日には新潟空港に到着、翌日にコウノトリ飼育場に入居した。オス4羽、メス2羽のすべて幼鳥、現地の6つの巣から巣立ち前にとられたという。ハバロフスクの原野なので、農薬の影響も受けていない若くてぴちぴちした個体である。

飼育場は、これまでの繁殖の試みとは違って「今度は成功しそうだ」との希望が充満した。9月に入ってオス1羽は死亡したものの、2組はペアができるのではないかと期待は膨らむばかりであった。

1988（昭和63）年4月には、東京の多摩動物公園で中国産のコウノトリペアから3羽のヒナが孵化したとのニュースが飛び込む。「よし、こちらでも」。先を越されたというよりは、ますます現実感が増してきたのだった。

1989（平成元）年2月、2つのケージそれぞれでペアが成立。5月16日、第1ケージで最初のヒナが孵化し、続いて2羽が生まれた。1965（昭和40）年に1組のペアから始めた飼育下での繁殖の挑戦は、長い苦難の日々を経て、25年目にしてようやく3羽の命を得た。途中、1羽は死亡したが、2羽は7月下旬に元気に巣立ちした。

社会は40年ぶりのヒナ誕生のニュースに喜び、フィーバーとなった。コウノトリが目の前から姿を消して18年、飼育開始以来、苦節24年を経てようやくよみがえったコウノトリに、マスコミも興奮状態であった。7～8月に2回に分けて実施した飼育場の特別公開では、6日間で8039人が全国から訪れた。

『コウノトリの育ての親』である飼育員、松島興治郎氏の思いを『コウノトリ誕生―但馬の空、いのち輝いて』（神戸新聞総合出版センター、1989年）から引用しよう。

——待ちわびた一瞬でしたね。

松島　そろそろかな、と思った時に卵の一部が割れ、ヒナが体を出し切るまでには一時間ほどかかりました。鳥の生命の過程からするとほんの短い時間なのに、待つ身にはつらくて長い時間でしたね。

——ヒナ誕生を見守る親鳥たちはどうでしたか？

松島　誰に教えてもらったでもないのに巣の上に立ちつくし、くちばしでほかの卵を横に押しのけたり、殻を巣の外に除いたり…。最後は卵から身を乗り出したヒナをじっと見つめ、励ましているかのようでした。鳥の本能がなせる行為を目の当たりにして、本当に感動しましたよ。（中略）

——初のヒナ誕生ですが、ご感想は？

松島　人工飼育には、増殖、放鳥、自然の中での定住…と続く過程があり、二十四年目（原文ママ）にしてようやくスタート地点に立ったという感じですね。

飼育場はにわかに活気づくことになったが、急激な変化に即応できないのが行政だ。しかも不確かな要素ばかり。そもそもコウノトリは何年で繁殖できるようになるのか。来年は産卵してもまたぞろ孵化しないのでは。あまりにも苦い経験ばかりだったから疑心暗鬼になる。しかも、ヒナが生まれてくる時期は役所では当初予算成立後。不確定要素のあるものを予算として計上するのは難しい。最初の年は、写真展などヒナ誕生を広く知ってもらうことで精いっぱいだった。

コウノトリ保護増殖事業の担当者となる

私がコウノトリの仕事に携わるようになったのは、初繁殖の翌年の1990（平成2）年4月、総務課からの人事異動による。教育委員会社会教育課文化係長として、芸術・文化、文化財（埋蔵、地上、無形）を所掌する新しい係で、初代の係長だ。生きものとはまったく関係ない部署から来た私に対して、いきなり「記者会見があるから出席を」と連絡があった。2年目の繁殖シーズンが始まっており、なんでもそろそろ産卵しそうだとのこと。何もわからないままの会見が終わると、すぐ飼育場に行く。行ったら最後、即、コウノトリの世界にどっぷりはまってしまった（そのため芸術・文化の振興を期待された方たちを失望させてしまった）。

とくに育雛器でのヒナの見守りは昼夜を要する。私も順番制で現場の小屋に泊まり込むようになると、ワクワクして仕方がなかった。山の中に一人で泊まるのは怖い、と尻込みする職員に「何で?」と不思議がったものだ。

最初の仕事は現場の様子を記者クラブへ伝える、いわゆる広報官。マスコミの関心が高かったので、卵に穴が開いた段階から逐一ファックスを入れた。この年は初めて孵卵器での人工孵化を試みたので、ヒナが卵の殻を割って体を出していく状態を、組み写真にして発表した。命が生まれてくる生々しくも感動の瞬間だ。組み写真をそのまま載せてくれた新聞社もあって、大きな関心を呼んだ。職場の数人に映像を見てもらうと、とくに出産を経験された女性からの「子供を産んだときを思い出し、自然とお腹に力が入ってしまった」との感想に、人々の心に入っていくコウノトリの力を予感した。

繁殖2年目のテーマは、飼育下での繁殖が継続して見込めるかだ。結果は、第1ケージは引き続いて成功し、前年は産卵止まりだった第2ケージは初のヒナ孵化成功となった。これで繁殖が継続できる見込み大となり、次の3つが緊急課題となった。「ケージの増築」「飼育員の増員」「飼育場敷地の拡大」である。担当1年目の新米係長だったが、課長の後藤昌さんは「思い切ってやれ。責任は俺がとってやる」という方なのでつい甘え、ときに突っ走って多分に迷惑をかけてしまった。

「武生」「多摩」ペアの夫婦愛にほろり

この年、飼育場では注目すべき個体もペアを形成した。1971（昭和46）年に武生市からやってきた、くちばしの折れたメスだ。「日本最後のコウノトリ」と言われ、豊岡での愛称は「武生」。手術を施された後も、上下のくちばしの長さが異なるために食事がうまくとれず、1羽で暮らしていた。年も21才となり、このまま一生を終えるかと思われていたところ、なんと同年代のオス（中国生まれ、1981〈昭和56〉年に多摩動物公園から移入）、愛称「多摩」と結ばれたのである。

多摩は、中国の動物園時代に飛べないように羽根を切られており、どちらも身体に障害を持った老カップルの誕生だ。新聞紙上では「老いらくの恋」と呼ばれ、大いに話題になった。このペアが1個を産卵したのだ。コウノトリはメスが立ったまま、オスは羽ばたいて体を浮かしながらメスに乗って交尾する。しかし多摩は体を浮かせられないので、武生が伏せ、交尾できる体勢になって迎えてやる。すごく相手思いだなと思う。でもこの体勢では受精がうまくいかない。結果、卵は無精卵にならざるを得ない。それでもペアはあきらめずに毎年卵を産み、まれに有精卵が出るようになった。1994（平成6）年、ついに2羽のヒナを世に出したのである。1羽は死亡したものの、このペアの遺伝子は今も子孫に受け継がれている。

私たちがこのペアのケージに近づくと、けたたましくクラッタリング（くちばしをカスタネットのように打ち鳴らすこと）して威嚇されるのが常だ。そのとき、多摩は必ず武生を後ろにやり、自分が前面に出て戦おうとする。臨時職員の女性は「多摩は男やなあ」とよく言っていたものだ。

後年、老いが顕著になってきたとき、人々はクチバシが欠け病弱でもあった「武生」ばかりに目が行き、勇ましい「多摩」はあまり気にかけていなかった。実際には、ファイティングポーズをとっていても体力は残っていなかったかもしれない。「えっ、元気そうだったのに」と言われながら、2003（平成15）年、あっけなく、ひっそりと亡くなった。最後まで男だったのだ。残された武生も2005（平成17）年に旅立った。華やかに放鳥のイベント（第7章参照）が行われる3カ月前だった。

飼育体制の整備①ケージ増築、飼育員の増員

1990（平成2）年4月の時点で、飼育個体数は9羽。第1ケージと第2ケージに各1ペア、第3ケージは1羽、第4ケージには4室に各1羽が入っており、昨年生まれの若鳥は仮ケージに収容されていた。つまり満杯である。その年に生まれたヒナは秋が過ぎるとなるべく早く、親鳥と別れ

させなければならない（タイミングが遅れると親鳥は子を攻撃することがあるため）。いの一番にすべきことは、施設内にケージを増設することだ。事業主体は県の教育委員会だが段取りは豊岡市、つまり私。

第5ケージがどうにか年内に完成し、前年、本年生まれの若鳥6羽が入居した。残る空き部屋は3室。来年以降も繁殖するだろうから、早急な敷地拡大が必要となった。しかし突然のヒナ誕生という動物の動きに、県・市とも緊急にケージを一つ増築すること以外の明確な年次計画はなかった。

しかもこれまで正規職員は松島さんだけ（1981〈昭和56〉年に保存会職員から市職員へ）、ほかの職員は1年単位の飼育作業員1人という体制だった。これでは、これからのコウノトリ保護増殖事業の充実は望めない。市広報で飼育員を募集し、応募のあった1人を採用した。それが船越（旧姓・佐藤）稔さんだ。

民間会社からの転身で、生きものと関わりの経験があるわけではなかったが、根っからの誠実さと根気強さで飼育の世界に入ってきた。数年後には試行錯誤を繰り返しながら孵卵器での人工孵化を確立。今日では、押しも押されもせぬコウノトリ飼育の日本の第一人者である。

彼がたどり着いた孵卵器内の温度は37・4℃、湿度は40〜45％。ここに至るまでに0・1℃単位の攻防戦が長く続いた。ただしこの数値は豊岡での給餌方法などによるものであり、餌生物の違いやヒナの生育状態によっても微妙に異なるそうだ。

飼育体制の整備②施設用地の拡張

第5ケージの建築準備にかかる頃には、併行して次なる施設拡張のための用地選定に駒を進めることとなった。対象地は、飼育場の北隣りにある谷、ここしか候補地はない。夏が来る頃には市役所内部で用地取得の方針が決まった。当時、市役所内では助役を座長に、コウノトリ担当の市参事、総務、建設、教育委員会の幹部から成る「コウノトリ対策会議」（事務局は私、教育委員会社会教育課文化係）が設置されていて、コウノトリに関する基本方針等を議論・調整する場となっていた。次々と課題が出てくるので、そのたびに開催していた。

県・市の役割分担は、1965（昭和40）年の飼育場開設当初と同じく、豊岡市が土地を取得し造成して県に貸与、県は事業を遂行するというものだ。

対象地となる北隣りの谷は、谷あいの棚田状の元水田であり、左右と奥の三方は山である。通常ならケージや管理棟建築に必要な敷地分だけが取得対象となる。

しかし飼育の経験を積むほどに、コウノトリ飼育に必須なものはきれいな水で、将来にわたってきれいな水を確保するには、「背後の山林も取得すべき」「もし周囲の山が開発されるようになっても、尾根筋まで取得しておけば環境（きれいな水）は守られる」との考えに至ったのだ。これは後年「コウノトリの郷公園（第6章参照）」の対象範囲を決める際にも踏襲された、大事な考え方である。

この提案は市役所内のコウノトリ対策会議で了承された。特に大きな異義はなく、すんなり通ったので身構えていたこちらとしては意外でもあったが、幹部の頭にもコウノトリの用地＝緑豊かな山野とのイメージがあったのだろう。

用地買収の交渉は、広い山林部分が地元地区の共有林だったことから、地元の野上地区役員たちとの話し合いを重ねることとなった。住民は「分山《わけやま》」という、区分ごとの使用権（入会権）を行使されていたが、飼育場用地に提供してもまだ2／3は残ることもあってか、「コウノトリのために」地区の財産を手放すことに特段の反対はなかった。山が地区住民の生活に必要な時代ではなくなっていたことも影響したかもしれない。

耕作放棄田となっていた個人所有地の数名も、買収自体は基本的に反対ではなかったが、立木の鑑定額が思いのほか低額なために納得しがたい、とおっしゃる方もあった。日本が減反政策を打ちだした1970年代初頭に、稲作をやめてスギを植栽する。成長段階ではていねいに枝打ちを行い、間伐して立派な材木林に整えてこられた。手間暇かけて20数年になるのに、それを1本が1日の労働賃金の半分にも満たない価格とは。国産材が外国からの安い輸入材に押されて需要が激減したとはいえ「主人がどれだけの汗を流し、思いを込めて育ててきたか」を涙ながらに訴えられ、こちらも辛かった。

個人の財産を一方的に取り上げる（買い取る）仕事には、その人の、いや祖先からの土地への関わり、家族や周囲の関係などさまざまな人生模様が表出してくる。「コウノトリを保護する仕事は、まさに人々の暮らしぶりの真っただ中にある」ことを自覚させられた、最初の出来事だった。

それでも年度末には全土地の買い取りが完了。台帳面積にすると約３６００平方メートルの飼育場用地は、実測では約20万平方メートルと一挙に広大な面積となった。あらためて野上地区、買収に応じていただいた方々にお礼を申し上げたい。

飼育体制の整備③保護増殖センターの体制整う

こうした中、コウノトリの飼育は順調に進む。１９９１（平成3）年には、飼育場の北隣りの谷が雛段のように造成され、段ごとにケージが建築された。管理事務所も、奥の方から陽当たりの良い入り口付近に移され、監視用モニターテレビ室や人工孵化室、傷病個体収容用ケージも付属された。さらに管理棟の前面付近には東屋が設置され、常時公開ゾーンも設けた。

施設、人員体制が整ったことで、施設名も単なる「飼育場」から目的を明確にした「コウノトリ保護増殖センター」と改称された。

同時に、日本動物園水族館協会の「種保存委員会」の活動も活発となり、動物園間で、ブリーディングローン（繁殖のための個体の貸し借り）が積極的に行われた。国内移動だけでなく、多摩動物公園はこの年初めて海外・サンディエゴ動物園に2羽のコウノトリを移動させた。絶滅危惧種の保存は、世界の飼育下で守っていこうというものだ。保護増殖センターでの2ペアによる繁殖はこの年も続き、個体総数は1991（平成3）年度末で20羽となったのだった。

「野生復帰」という不思議な言葉に触れる

1990（平成2）年秋、私は初めて日本動物園水族館協会の「種保存委員会」に出席した。豊岡市は協会会員ではないのでオブザーバー参加だ。種保存委員会は、1988（昭和63）年、協会が動物園における希少動物の保全・増殖事業を重要事業に位置づけたことを受けて発足した。主な事業は、保存すべき種ごとの繁殖計画を作成して進行管理することだ。

保存策が必要な種は145種（当時）、もちろんコウノトリも入っている。国内血統登録を行い、種別調整者が置かれ（コウノトリ担当は多摩動物公園だった）、遺伝子の多様性を維持するため、動物園間の個体移動の調整を行って長期的な繁殖を推進されていた。1989（平成元）年に策定された「東京都ズーストックプラン」と相まって、全国的に連携して取り組んでいこうという気概があふれていた。ざっくりと言えば、野生動物は自然界で自由に生息すべきが本来だが、現在は生息環境が悪すぎる。少なくとも200年間は飼育下で健全に保存し、野生に戻せるその日に備えよう、こんな感じだった。コウノトリを飼育下に移す発想・経過と同じだ。

会議では耳慣れない、しかし刺激的な言葉が行き交わされていた。多様性、血統管理、分散飼育、そして「野生復帰」。

「野生復帰」という言葉の響きがとくに印象的だった。英語で *Re-introduction*、直訳は「再導入」だ。最初のころはこの英訳を使っていたが、少し経つと再導入「する」が西洋的な発想（主語は人間）だと感じ、野生復帰（主語は鳥）を使うようにした。

日本ではまだ例がなかったが、海外ではすでにいくつか野生復帰の実践例があるという。アラビアンオリックス、ハワイガン、アメリカシロヅル、カリフォルニアコンドルなどが話題になっていた。私は直感した。これまで24年もの長きにわたって闇の中をひたすら飼育してきた間に忘れていたが、「コウノトリは野生復帰させるために飼育してきたのだ」と。今、この種保存委員会の会場で話題になっている野生復帰は、豊岡のコウノトリこそやるべきことなのではないか。具体的には何も描けないけれど、野生復帰という言葉が私の中でメラメラと灯ってきた。

豊岡市役所に帰って報告すると「野生復帰？　なにそれ」状態。それはそうだ。私も仕入れてきたばかりだもの。1965（昭和40）年に野外個体を捕獲してケージに収容する際に、コウノトリ保存会総務部長の友田英彌氏が「将来は野に帰す」と地元住民に約束されたことは、あまりにも長い年月の経過と社会が大きく変わってしまった今日では、誰も思い出しもしなかった。「ケージの中でようやく繁殖した。それで十分ではないか」と。

「野生復帰」というたわ言は、当分胸の中にそっとしまっておくことにした。

しばらくして、飼育下繁殖の先陣を切られた多摩動物公園の増井光子園長を訪ねる機会があった。園長曰く、

「今、動物園の優秀な若手はフィールドの人たちとの連携を求めている。豊岡でもし、コウノトリを野生復帰させることになると大いに連携できるのではないか。個体を放鳥すると、初期段階ではかなりの数が死亡するだろう（当時の海外報告では「放鳥（獣）したら8割は死ぬものだと思え」とされていた）。飼育している個体が足りなくなる。そこで、私たち動物園が個体を補給できるようバックアップするという関係ができればいいのではないか」とのこと。

まだ私の中でもファーとした言葉でしかなかった「野生復帰」が、増井園長の言葉で現実感が出てきたように感じた。帰りの電車、私の顔がよほどほころんでいたのだろう。同行していた市参事の小山幸夫さんから、「園長から良い言葉を聞いて有頂天になっているが、ことはそんなにうまく運ばないぞ」とくぎを刺された。「わかってますよ」と言いたかったが、「ひょっとしたら」との思いも浮かんだので言葉を飲み込んだのだった。

第4章

コウノトリ、環境問題のシンボルになる
―1991〜1992年

啓発ポスター第1弾「赤ちゃん注意報！」の完成

1991（平成3）年になると、コウノトリは生身の姿だけではない、もう一つの顔を持つようになる。それは環境問題のシンボルとしてのコウノトリだ。

それを目に見える形で初めて世に出したのが、「赤ちゃん注意報！」というポスターだった。

私がコウノトリを担当することになった1990（平成2）年は、豊岡市市制40周年に当たり、その記念事業として様々なイベントが行われていた。だが一つだけ、翌春になっても具体化にならな

『赤ちゃん注意報！』のポスター全文

「赤ちゃんを運んでくる」といわれているコウノトリ。

かつて、優雅に大空を舞っていた我が国最大の鳥です。

環境汚染や乱開発のため激減し、昭和四十六年、野生最後のコウノトリの死が確認されました。

以来、綿々とコウノトリを蘇らせる努力が続けられ、平成元年、ついに二羽のヒナが誕生したのです。

ヒナ一羽をかえすために、実に四半世紀もの時間が必要でした。

失った自然も私たち一人ひとりが努力をすれば取り戻すことができます。

コウノトリが自然に繁殖できる環境、それが安心して赤ちゃんを育てられる環境でもあるのです。

いものがあった。「コウノトリを素材にして豊岡市を全国にPRする」企画だ。その仕事が急遽、私の所属する社会教育課の担当になり、遅ればせながら動き出すこととなった。ヒナ誕生のフィーバーは2年が経って落ち着き、この頃にはコウノトリが発する意味を整理してみる余裕がでていた。

これまでの過程を振り返るうち「コウノトリが滅びるような環境は人間にとっても悪い環境であり、コウノトリが暮らせる環境は人間にとっても良い環境だ」という基本コンセプトが固まってきた。ポスターは、環境問題の取り組みへと活動を広げていく第一歩となったのだ。

私が担当する段階では、すでに「赤ちゃん注意報！」というキャッチコピーはできていた。あとはそれにさらなる説明を加えたポスターにして完成、配布することが課題だ。

キャッチコピーの発案は、北星社のグラフィックデザイナーの茨城隆宏さん、実務は小西俊郎さん、それに私を加えた3人で言いたいことをぶつけ合った。彼らは私のことを「役所に変わった人がいる」と思ったらしい（この2人とは、その後の第2弾、第3弾のポスターでもチームを組んだ）。

できあがったポスターは、文字だけでシンプルに訴えるものだ（右ページ写真）。

完成したポスター1000枚は全国の市へ郵送し、また首都圏では山手線の駅構内に貼ってもらった。市内は社会教育課の職員が、店舗のウィンドウ、公共施設の掲示板、庁内の壁と、至るところに貼って歩いた。市外からは数市の追加注文があった程度だったが、豊岡市民の反応は上々。「ドキッとした」の声が一般的だった。まずは成功だったろうか。

このポスターの作成と配布は、1992（平成4）年6月にブラジルのリオデジャネイロで開催された「国連環境開発会議（通称地球サミット）」の成果が日本でも徐々に広がっていたときで、コウノトリを「環境のシンボル」にするタイミングとしてぴったりだった。ただしその当時言われ始めた「生物多様性」「持続可能な利用」の言葉は、田舎育ちの私には当たり前のこと。「何でわざわざ」と違和感があったが、現在では普通の言葉になっている。逆説的に言うとそれだけ「当たり前」のことが「当たり前でなくなった」ということなのだろう。

「コウノトリ議員」の鮮やかなデビュー

1991（平成3）年の4月、豊岡市に新人の兵庫県議会議員が誕生した。のちに豊岡市長を5期（2001〈平成13〉～2021〈令和3〉年）務めた、中貝宗治さんだ。住まいは私と同じ村の下宮で、私より5歳下。お父さんは古くから豊岡市の大ボス、いや大物政治家だったが、前年に兵庫県議会議長の在任中に急逝。宗治さんが急遽、兵庫県庁を退職され県議会議員となった。

その6月だっただろうか、村の役員会に出席された彼に、コウノトリ飼育場の見学を勧めてみた。「実は、お父さんにはコウノトリ飼育場の次の構想についていろいろ尽力いただいていた。ぜひ現場の様子を見てほしい」と。

数日後に飼育場を訪れた彼は以来、コウノトリの世界にどっぷりとはまることとなる。何に魅力を感じたのかといえば、理由の一つは飼育員の松島さんだったそうだ。緑の木立の中に実物のコウノトリがいて、その中で聞く松島さんの、仕事を越え人生をかけた人柄と話に魅了されたと。私も感じた、松島さん独特の魅力だ。

もう一つの理由が、飼育場に貼ってあった「赤ちゃん注意報！」のポスターだったという。コウノトリが訴えているのは、絶滅危惧種の保護に留まらず、地球の環境問題をも提示する。これからの社会づくりの方向性を、若い政治家の鋭い嗅覚で感じ取られたのだ。

同年10月には早くも県議会の一般質問に立たれ、これまでのコウノトリ保護の歴史を踏まえつつ「このまま順調に個体が増え続けると、施設はすぐに足りなくなってしまうこと」、さらに一歩踏み込んで次のように提起された。

それは「コウノトリをもう一度空へ帰すことはできないでしょうか?」という大胆なものだった。「いきなり自然が無理なら、まずは保護区域のような、生息のために周到に用意された自然(=準自然)の中で羽ばたかせ、そこで繁殖はできないでしょうか」と。

さらに「野生復帰」は海外ではいくつかの例があるものの、日本には試みすらないので、世界的な貢献になるのではないかとも付言された。対する県教育長の清水良次氏の答弁は「今後、動物園の関係者や各種の自然生態学者などの専門家、それから、国、県、地元の関係者などによる委員会を設けまして、コウノトリ保護の将来展望について、コウノトリの野生化、または準野生化ということも含めて、調査研究をしていただくことを検討していきたいと考えています」だった。

このやりとりの意義はとても大きい。具体的なイメージはなくとも、コウノトリをケージで保護し繁殖を図るだけでなく、将来的にかつての生息地に帰す可能性も含めて検討すると、県が公の場で表明したことになったのだから。

この一般質問は、中貝さんが政治家として見事なデビューを果たした場でもあった。格調高い論理と人を引き付ける魅力的な話しぶりで新しい時代の展望を語られる様は、多方面から大いに注目を浴びることとなった。以来「コウノトリ議員」と呼ばれるようになったのは必然だった。

コウノトリの分散飼育計画、始動する

豊岡での飼育個体数は、1991（平成3）年度当初で15羽、92（平成4）年度で20羽、93（平成5）年度で27羽と順調に増加していった。全国の飼育園館では、多摩動物公園、豊岡に続き、1993（平成5）年からは天王寺動物園でも繁殖に成功した。

こうしてコウノトリの個体数が増えるにつれ、飼育施設を分散させる必要性が叫ばれるようになった。種保存委員会は、飼育下で種を保存するために、危険要素の除去を求めていた。この場合の「危険」とは、感染症の蔓延や天災、火災、犯罪などの不慮の事故の発生である。もし発生すれば、一つの施設だけで飼育している個体が全滅する恐れがある。そのためできるだけ多くの施設に分散しておこうというものだ。1991（平成3）年度以降、種保存委員会の場で徐々にイメージが固まり

つつあった。

・コウノトリが再び絶滅の危機に陥らないよう、当面、日本の飼育下で飼育総数200羽を目指す。

・そのうち、半数の100羽を豊岡が受け持ち、残る100羽は全国の飼育園館が受け持つ。

・豊岡では、飼育施設を2カ所にして、豊岡での危険を分散する。

豊岡での飼育下繁殖が継続して成功し、個体が増え続けていけば、いずれ1つの施設だけでは済まなくなり、複数での分散飼育が必要となる。そして2つ目の施設では、常時公開や、あわよくば野生復帰の前段として半野生化飼育も実施できないだろうか。積極的に下準備にかかっておくべきだと考えた。

次なる施設を考えていくには、どこかに類似施設がないだろうか。大阪の天王寺動物園に「鳥の楽園」と呼ばれる大バードケージ（1987〈昭和62〉年建築）があると聞き、視察に出かけた。そこではシュバシコウ（ヨーロッパコウノトリ）が飛び交い、巣も造っている。観覧者はケージの中に入って通路で見上げる。フンも落ちてくる。なかなか楽しい。「豊岡でやるなら、問題は積雪対策だな」。そう思った。

唱歌「故郷」「春の小川」を彷彿とさせる候補地みつかる

市の教育委員会内部や庁内のコウノトリ対策会議で話題にするのと併行して、時間があれば飼育員の松島さんと一緒に、飼育施設の候補地を探して回った。

ある時、教育委員長であった小西一司さんから「コウノトリの施設用地を探しているらしいが、祥雲寺地区は見たか？　まだなら一度見てくる価値はあると思うよ」と情報提供があった。早速、休日の夕方に見に行くと、集落と整った田んぼ地帯の川向こうには田んぼ・小川・山が一体となって続き、実に穏やかな「里の谷」となっている。谷の入り口には鎌谷川が横断して流れ、集落とこのサンクチュアリを分ける結界のようだ。

祥雲寺地区は、私の住む下宮と同じ校区なのに、これまでその谷には入ったことがなかった。谷は奥深く、途中までは現役の田んぼだが、奥の方は耕作放棄地となっていた。後で聞くと、未整備な圃場のうえシカやイノシシが出没するらしく、この数年でシカの被害が特にひどくなったとのこと。

初めて見たのが夕方だったことも、独特の雰囲気を醸成していたかもしれないが、私はなんとなく「兎追ひし彼の山　小鮒釣りし彼の川」で知られる、文部省唱歌の「故郷《ふるさと》」のイメージを感じた。「コウノトリを飼育して野生化する」という当初の目的とは逸脱するかもしれないが、保護増殖事業だけではもったいない場と直感した。ほかにも市内5カ所の候補地を現地踏査してみたが、やはり祥雲寺地区が断トツと感じた。

私は、この場所での構想イメージを思いつくまま文章にして、関係者の何人かにそっと見せてみた。大体が「なんじゃ、夢物語の作文か?」との反応、研究者からは「思い入れが強すぎ、科学的ではない」との批判。その中で、県から豊岡市参事として出向されていた貞保《さだたもつ》さんだけが、「『故郷』かぁ。僕は『春の小川』だなあ」と感想を言われたときはものすごくうれしかった。「よし、これなら行政施策として形になるかも」と実感がわいたものだ。

後のことだが唱歌「故郷」は、コウノトリのイベントでしょっちゅう歌うこととなったし、コウノトリ文化館（第6章参照）のオープニングでも市内の山根久美子さんに歌ってもらった。

さらにその10年後の2003（平成15）年3月に策定された「豊岡市環境行動計画」の中には、「春の小川作戦」を組み入れた。各小学校区に1カ所は「春の小川」を設け、子どもたちに（少々なら）道草させよう、というものだ。そしてこの流れは、2007（平成19）年の秋に市民グループ「コウノトリ湿地ネット」を立ち上げたときのパンフレットでも、次のように登場させた。

植物も、動物も、人間も、みんな　命輝け!!
学校の帰り道、子どもたちが
騒ぎながら小川で魚とりをしています。
「気をつけて帰れよ」
田んぼから声をかける近所のおじさん。
上空ではコウノトリが優雅に飛んでいます。
日本のどこにでもあったこんな風景こそ、
私たちは「豊かな営み」なんだと思います。
しかし、いつの間にかコウノトリの姿が消え、
泥鰌子（どじょっこ）や鮒子（ふなっこ）も
遠い存在になってしまいました。
そして何より、川で遊ぶ子どもたちの姿が見えません。
私たちは、水辺が壊されたからだと考えています。
様々な顔をした川があり、生きもののゆりかごになる
田んぼがあって池があって山から湧き水が出ている。
水辺（湿地）は生きものの命の源です。
だから、水辺を復活させ、命を輝かせたいのです。（以下略）

野生復帰の意義という「夢」を語り合った仲間たち

1990年代初頭では、コウノトリの将来像などは掴みようがなく、飼育下のコウノトリが自然に帰るイメージを、なんとなく「故郷」「春の小川」などの唱歌の世界を借りてノスタルジックに空想していた。だから近しい人に「野生復帰」を語っても、周りの実態とかけ離れたホラ話としてしか受け取ってもらえなかった。

そんな中いくらかの人たちとは、この夢物語を議論し合えるようになった。とくに新聞社の若い記者たちがそうだった。取材という仕事を通じた関係だが、鋭く社会事象の有り様を見抜こうとする彼らだから、「コウノトリが生まれた、増えた」という表面上の取材では飽き足らず、仕事を終えた後にはよく野生復帰の意義についても語り合った。

話の流れは、コウノトリ野生復帰↓環境問題とのつながり↓失った大切なものを取り戻す↓経済至上主義に代わるものを探そう、ざっとこんな議論だ。

1992（平成4）年の開館に向けて準備中だった、兵庫県立人と自然の博物館からは「人と自然の共生」という言葉が聞こえてきていたし、ミヒャエル・エンデの名作『モモ』（岩波少年文庫、

2005年）は効率優先に陥らない、社会と人間関係の豊かさを考える教材として、またケビン・コスナーの主演映画「フィールド・オブ・ドリームス」（1989年公開）は夢が実現した話として、よく話題に登場した。

「コウノトリをシンボルに農業を育むこと」についてはまだ俎上に載せられなかったし、まだまだ無責任な放談ではあったが、記者たちとの語らいは、私にとっては思いを整理できる大切な場だった。感謝しています。

新施設建設へ、県知事のGOサイン

1991（平成3）年度の時点では、県の教育委員会としては、コウノトリは文化財保護法に則り、施設の中で個体を保護・増殖することが職務となっていた。10月の県議会で中貝宗治 県議会議員により検討課題として示された「野生化」などはテーマが大きすぎ、現行法に基づく天然記念物保護行政の範疇を超えるものだ。こうした状況下では、いくら新たな施設を投げかけても「法律のどこに書いてあるのか？ まちづくりなら豊岡市がやればいい」との反応。実務レベルの話では進みようがなかった。

出版案内

2023.12

アグロエコロジー

持続可能なフードシステムの生態学

スティーヴン・グリースマン 著村本穣司 他監訳

●5940 円（税込） ISBN:978-4-540-23135-3

持続可能で人類のニーズを満たす農業とは？ 生態系と調和する伝統的農業と健全な食料消費システムをつくるため、「科学・実践（技術）・社会運動」を統合するアグロエコロジー（農生態学）の教科書、初めての邦訳。

「コウノトリと暮らすまち」 978-4-540-23149-0

農文協 〒335-0022 埼玉県戸田市上戸田2-2-2
https://shop.ruralnet.or.jp/
(一社)農山漁村文化協会 TEL 048-233-9351 FAX 048-299-2812

ダルマガエル
生態を知って農業で守る

守山拓弥・中田和義・渡部恵司編著

978-4-540-22108-8 ●1980円

水田周辺で生息するダルマガエル類の越冬や這い出し行動を最新の器具を用いて徹底的に調査。絶滅が危ぶまれる身近な生物の行動を知り、春先の耕起や中干しのあり方、水路の工夫によって守る方法を具体的に提案する。

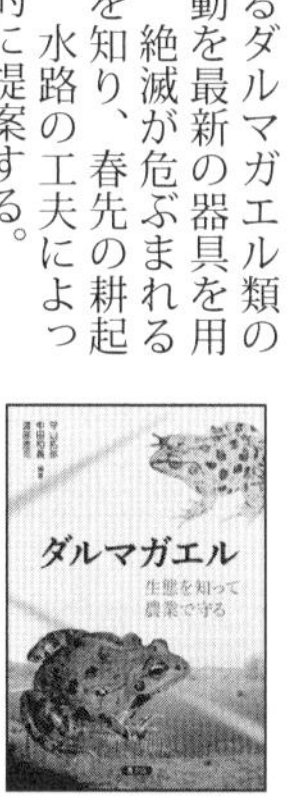

あなたにもできる 無農薬・有機のイネつくり
多様な水田生物を活かした抑草法と安定多収のポイント

稲葉光國 著

978-4-540-06320-6 ●2420円

基本を守れば労力・経費をかけず、安全でおいしい米が安定多収できる。そのポイント①田植え30日前からの湛水と深水、②4.5葉以上の成苗を移植、③米ヌカ発酵肥料（ボカシ肥）の利用、を中心に抑草と栽培方法を詳解。

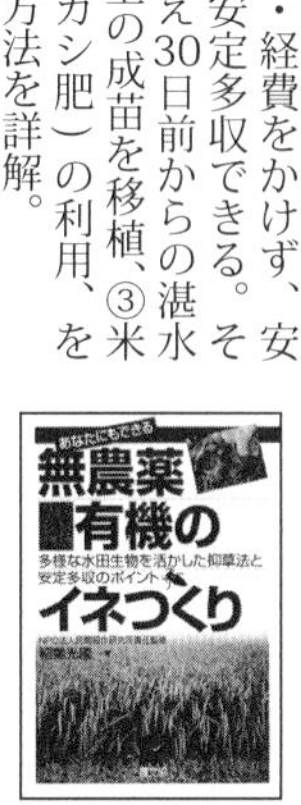

二万年の奇跡を生きた鳥 ライチョウ

中村浩志 著

978-4-540-12118-0 ●2750円

日本のライチョウはなぜ人を恐れないか。興味深いその生態や社会行動の解明を通して浮かび上がる、ライチョウと日本の自然、また日本人の暮らし、文化との関わり。2000羽を切った「奇跡の鳥」のラストメッセージ。

うねゆたかの 田んぼの絵本 全5巻

宇根豊 作　小林敏也 絵

978-4-540-20101-1 揃価●14350円

田んぼは稲を育てる農家の仕事によって豊かに保たれている。農家と子ども、生きものの対話から田んぼという環境を深く理解する。**①田んぼの四季②田んぼの動物③田んぼの植物④田んぼの環境⑤田んぼの文化**の5巻セット。

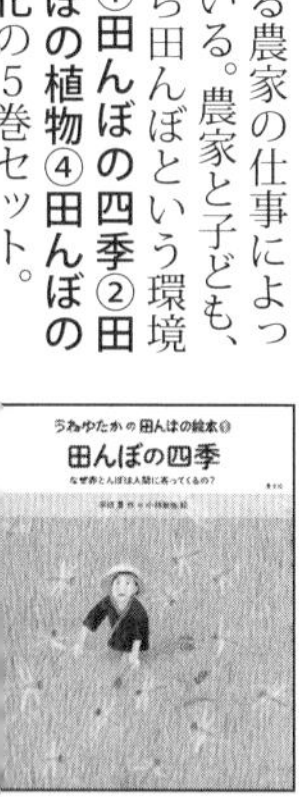

話し合いが変わる 地域でアクションリサーチ

平井太郎 著
978-4-540-22110-1
●1980円

地域おこし協力隊の受け入れや総合政策の策定などでの試行錯誤の過程を通して、行政と地域の人々が将来像を共有し、トップダウンの政策をボトムアップに転換するアクション・リサーチの勘所を明らかにする。

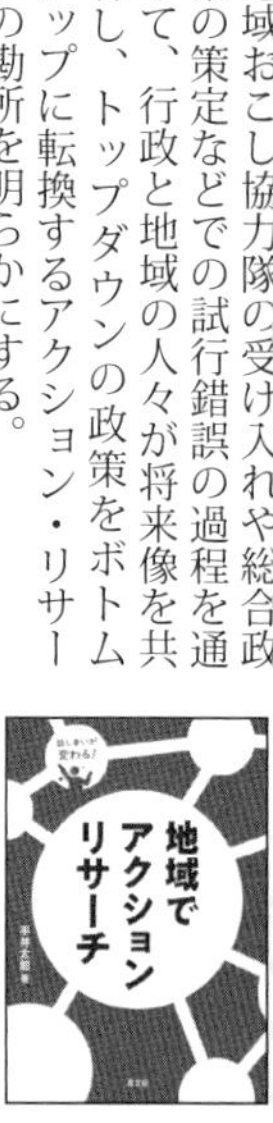

風景をつくるごはん

都市と農村の真に幸せな関係とは

真田純子 著
978-4-540-23124-7
●2200円

地方を盛り上げようとする取り組みが盛んだ。だがなぜ地方の人たちばかりがんばらなくてはならないのか？ 農村風景を入り口に、食と農業のあり方から、都市と農村の幸せな関係を構想する。

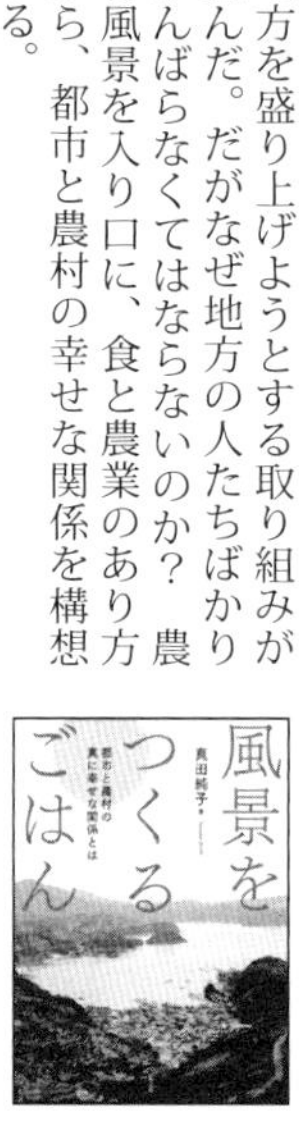

よくわかる 国連「家族農業の10年」と「小農の権利宣言」

小規模・家族農業ネットワーク・ジャパン編
978-4-540-18168-9
●1210円

本書は①国際社会が小規模・家族農業の支援に向かうのはなぜか ②「アグロエコロジー」とは何か ③種子をめぐる世界と日本の状況 ④「小農の権利宣言」の全文と背景についてわかりやすく解説する。

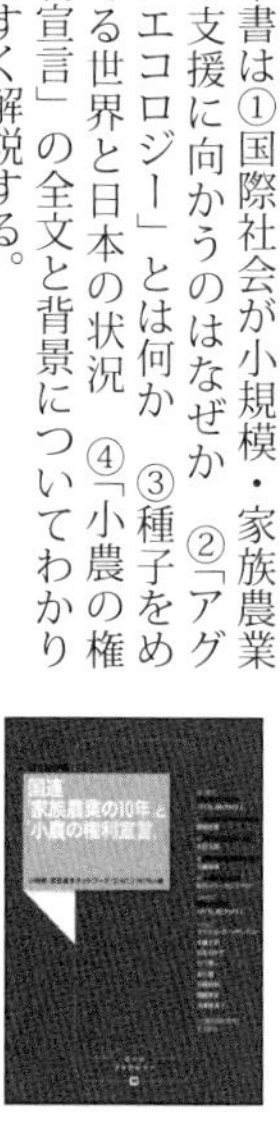

武蔵野の落ち葉堆肥農法に学ぶ

土と肥やしと微生物

犬井正 著
978-4-540-23151-3
●2420円

世界農業遺産に認定された、360年もつづく、武蔵野の落ち葉堆肥農法について、土壌生態学の知見や江戸期の物質循環、欧州の農業近代化との比較から光を当てる、スケールの大きい農耕文化論。

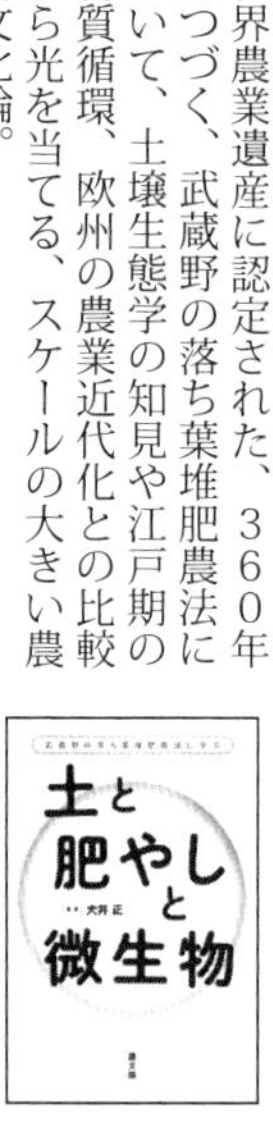

雑誌

創刊 100 年　★農家がつくる 農業・農村の総合誌

月刊 現代農業

2023 年 12 月号

定期購読をおすすめします！

A5 判、平均 290 頁　定価 1,100 円（税込）
年間購読料 13,200 円（税込）/ 年 12 冊

全国の農家の知恵と元気を毎月発信しています。減農薬・高品質の栽培・新資材情報や、高齢者・女性にもできる小力技術・作業改善のための情報や、直売所や定年帰農などの新しい動きを応援する雑誌です！

＜最近のバックナンバーの特集記事＞

2023 年 11 月号　レモンとユズと香酸カンキツで稼ぐ
2023 年 10 月号　がんばらなくても土が育つ　耕さない農業最前線
2023 年　9 月号　夏播き　輪作　珍豆　マメで稼ぐ！
2023 年　8 月号　雑草を売るノウハウ
2023 年　7 月号　人気沸騰！　ニンニク＆ラッキョウ
2023 年　6 月号　生きものと仲良く防除　虫には虫を 菌には菌を
2023 年　5 月号　カバークロップ＆生き草マルチ
2023 年　4 月号　浅植え＆置くだけ定植

『現代農業WEB』 公式サイト⇒https://gn.nbkbooks.com/

◎当会出版物はお近くの書店でお求めになれます。
直営書店「農文協・農業書センター」もご利用下さい。
東京都千代田区神田神保町 3-1-6 日建ビル 2 階
TEL 03-6261-4760　FAX 03-6261-4761
地下鉄・神保町駅 A1 出口から徒歩 3 分、九段下駅 6 番出口から徒歩 4 分
（城南信用金庫右隣、「珈琲館」の上です）
平日 10:00 ～ 19:00　土曜 11:00 ～ 17:00　日祝日休業

そこで1992（平成4）年3月、中貝さんに相談し、今井昌三 豊岡市長名で、貝原俊民 兵庫県知事あてに「コウノトリ自然公園（仮称）の設置について」要望書を出すこととなった。内容は、前年10月の県議会一般質問の流れを踏襲するものだ。

設置要望する場所は、豊岡市祥雲寺地区のあの一帯。新施設設置の意義と共に、コウノトリの保護増殖、準野生化、普及啓発など、考えつく限りの事業をできるだけ具体的に書き込んだ。

要望書に添付する現場の写真はプロカメラマンの狩野清道さんに撮影してもらい、しっかりとしたアルバムに仕立てた。完璧派の中貝さんは、日本でコウノトリを野生復帰させる世界的意義を、さらに知事に理解してもらうため、多摩動物公園の増井光子園長に援護射撃をお願いされていた。そうこうして知事との面談が叶った。もちろんその場には、市長、課長、私と共に中貝さんも同席された。

貝原知事は、面談時点ではすでに要望内容を理解されており、施設設置の方向を決断されていたようだった。「魅力的なところだな」とアルバムを手にしながら「（野生復帰が）成功すれば、国際的にも評価されるだろうが難しい事業だ」との言葉に、熱い決意のようなものを感じた。そして「前に進めるためには、用地取得をしっかり行うべき」と早くも実務にも言及された。決断したからには、夢物語で終わらせるなよと。

よし！　知事のGOサインが出た。やるべきことは山ほどある。用地取得の方法については中貝さんから、従来方式を覆す画期的な提案があった。

「施設整備を県と市の『共同事業』と位置づければ、事業主体として市も補助対象となり、実質的に少ない金額で済む。さらに市は、やりたい事業も展開できる」

これまでは、国や県が中央から乗り込んで施策を遂行してくれるのだから、地元の自治体はせめて用地は提供しないと、との考えが主流だったが、中貝さんは行政手法においても、「地元主体で動く」という、これからの時代の在り方を提起されたのだ。

実務協議の結果、提案された方式で県と市が役割分担し、用地取得は本来の事業主体である県が行い、市は現場での地権者交渉などを担うこととなった。また、市が役割分担として行うべき事業は普及啓発部門等とし、その費用は総事業費から応分の額を算出することも決まった。

知事の決断がなされると、行政の事業は一気に動く。1カ月後の4月には「コウノトリ将来構想調査委員会」を設置。生物と環境の研究者、動物園、行政代表（豊岡市は廣井大 教育長）の15名で構成され、委員長に小林桂助氏（兵庫県文化財保護審議会会長）が就任された。最初の会合は豊岡市内で開催され、早速に用地候補となる祥雲寺地区を視察。全員一致でまずは予定地が内定したのである。

第2弾のポスターが大反響！　市民の心をつかんだ

「この写真を見ると涙が出そうになるわ」

市役所の壁にポスターを貼っていたら、横で見ていた女性職員がポツンとそう呟いた。

私は一瞬どう答えてよいのかわからず、ただ「そうですね、いいですね」としか言えなかった。40代のその女性職員の中にどんな感情が沸き起こったのかは知る由もなかったが、そのひとことだけで、ポスターの写真が持つ根源的な意味を共有できた気がした。

写真に添えられた「35年前、みんなで暮らしていた」というコピーが無駄な会話を省かせてくれたのかもしれない。

話はその少し前に遡る。１９９２（平成４）年初夏、市役所の会議室で10数人が集まって議論していた。メンバーは、市民の手でポスターを作ろうと集まった有志と私である。

彼らの趣旨は「昨年、市役所が作ったポスターは効果があった。だがこうした取り組みは1回で終わらせるべきでなく、継続してこそ本当の効果がある。行政の予算が続かないことも理解するので、市民からカンパを募ろうではないか」というものだった。うれしい話だ。

1960（昭和 35）年 8 月 5 日、12 羽の野生コウノトリと農婦。かつての豊岡の日常の光景だった（撮影：高井信雄／富士光芸社）

この会合で、取り組む主体として「コウノトリと環境を考える会」を発足させること、カンパは一口2000円とすることなどが決定し、会長に衣川隆さん（豊岡市文化協会会長）、事務局長には木谷敏勝さん（現豊岡市議会議員）が選出された。

ポスターの中身をどうするか。意気込みが先行し、訴える内容は決まっていない。そこで私から1枚の写真を提案してみた。

それは1960（昭和35）年8月5日、市内の写真家の高井信雄さんが撮影された、出石川の情景だ。川の浅瀬で7頭の牛を水浴びさせる農婦の傍に餌の魚を食べにやってきた12羽の野生コウノトリがいる。驚きもせず、追い払うでもなく、互いに存在を認め合って悠然と夏の一日を過ごしている。豊岡の当時の日常を切り取った、1枚のモノクロ写真だ。

「この写真を使おうよ。私たちはこの世界を目指すべきではないか」

だが出席者の大半は乗ってこなかった。

「そんな一気に先に進まないでくれ。佐竹さんはそれが仕事だから毎日考えてるんだろうが、我々はまだコウノトリのことを意識しだしたばかりだ。昨年の『赤ちゃん注意報!』ポスターを増刷して、もっと市民をドキッとさせるべきだ」

何回かの協議の中で、「赤ちゃん注意報!」と新作のこの写真を使ったポスターを、1000枚ずつ作成することで落ち着いた。

キャッチコピーは前回同様、茨城さんが担当。「35年前、みんなで暮らしていた」とのコピーが出されると、全員神妙な顔つきとなる。反論、修正のしようもない。サイズは「可能な限り大きく」と、B倍版(1030ミリ×1456ミリ)となった。カンパも順調で、多くの市民から寄せられた。

ポスターが完成し作品が届く。素晴らしい出来栄えだ。だが市民の反応はどうなのだろう。期待と不安が交錯しながら、庁舎の壁に第1号を貼ったときの反応が、冒頭の女性職員の発言だった。やはりそうなんだ。感性ある人の心には必ず何かが入りこむはずだ。

自信がついた我々は街頭へ繰り出す。ポスターできっと街の風景が変わるぞ。空気も変えるだろう。

数日後、京都府久美浜町の方から電話が入る。「家族の者が豊岡病院に入院しているのだが、入院患者はみんな不安だったりイライラしたりしている。このポスターで安らぐようにさせたい」、病院に貼りたいので分けてほしいとのこと。喜んで提供する。

山階鳥類研究所の杉森文夫 広報室長から電話あり。「研究所内に貼ってあるのを見た。できれば送ってほしい」とのこと。杉森さんはこのポスターを見た瞬間に「やられた!」と思ったそうだ。自分が思い描いていたことを、豊岡の連中に先を越されたと。

手賀沼の水質改善を訴えるのに「〇〇PPMを〇〇PPMに減らしましょう」と訴えるより、「ガンを再び」のように、将来に希望を持てる内容にしたいと考えていたそうだ。「先を越されて悔しいけれど、共感するものは応援する」と、これが縁で杉森さんには、困ったときに相談できる兄貴として、今もつきあっていただいている。

後の話になるが、このポスターを改良した新しいバージョンは1996（平成8）年の「第6回環境広告コンクール」ポスター部門で、大賞と環境庁長官賞をいただくこととなった。

ポスターの人物に会うと…「私かな。でもこの牛はうちの牛ですわ」

完成から1カ月も経ったときだろうか、市役所OBの方から連絡が入った。「佐竹君、ポスターに

郵便はがき

おそれいります が切手をはって お出し下さい

3350022

（受取人）
埼玉県戸田市上戸田
2丁目2-2

農文協
読者カード係 行

◎ このカードは当会の今後の刊行計画及び、新刊等の案内に役だたせていただきたいと思います。　はじめての方は○印を（　）

ご住所	（〒　－　） TEL： FAX：
お名前	男・女　歳
E-mail：	
ご職業	公務員・会社員・自営業・自由業・主婦・農漁業・教職員（大学・短大・高校・中学・小学・他）研究生・学生・団体職員・その他（　）
お勤め先・学校名	日頃ご覧の新聞・雑誌名

※この葉書にお書きいただいた個人情報は、新刊案内や見本誌送付、ご注文品の配送、確認等の連絡のために使用し、その目的以外での利用はいたしません。

● ご感想をインターネット等で紹介させていただく場合がございます。ご了承下さい。

● 送料無料・農文協以外の書籍も注文できる会員制通販書店「田舎の本屋さん」入会募集中！
案内進呈します。　希望□

■毎月抽選で10名様に見本誌を1冊進呈■（ご希望の雑誌名ひとつに○を）

①現代農業　②季刊 地 域　③うかたま

お客様コード □□□□□□□□□□

お買上げの本

■ ご購入いただいた書店（　　　　　　　　書 店）

●本書についてご感想など

●今後の出版物についてのご希望など

この本をお求めの動機	広告を見て（紙・誌名）	書店で見て	書評を見て（紙・誌名）	インターネットを見て	知人・先生のすすめで	図書館で見て

◇ 新規注文書 ◇　　郵送ご希望の場合、送料をご負担いただきます。

購入希望の図書がありましたら、下記へご記入下さい。お支払いはCVS・郵便振替でお願いします。

（書名）	（定価）¥	（部数）　部
（書名）	（定価）¥	（部数）　部

写っているおばあさんが誰か知ってるか？　一度会ってきたらどうだ」。

撮影した高井さんも亡くなっているのに、写された人が健在なんて。これで会いに行かなかったら大馬鹿者だ。早速、息子さんに了解を得て会いに行った。名前は角田しずさん、1911（明治44）年生まれとのこと。しずさんに会うと怪訝そうな顔。ひるまず聞いてみる。

「このポスターに写っているのは、おばあちゃんですか？」

「さあ？　ようわかりません。近所の人はアンタだって言いなるんで、私かなと思うけど…」

なんとも歯切れが悪い。次の言葉が出てこない。気まずい。すると、

「でもこの牛はうちの牛ですわ」と、はにかんだように言われる。

「自分の姿よりも牛の方が見分けがつくんですか？」

「そりゃ、牛は家族と同じだったし、一生懸命世話してたので。今でも体の隅まで覚えています」

なるほど、そうなのか。昭和30年代、農家の主婦が自分の姿を写真に撮られるなんてそうザラにはない。けれど牛は、体を洗ってやったり餌をやったり、常にそばで見て接していたので、「体の隅々まで」わかるのだ。

牛の話になると途端に角田さんは饒舌になる。村の8割の家が1頭ずつ飼っていたこと、農耕が基本だが、種付けしてもらい子牛を売ってお金にしていたこと、牛が好物だった草のことなど、次々

と出てくる。
「ところで、コウノトリのことは何か覚えていますか?」
「昔は今ほどコウノトリが大事なんて思っていなかったし、関心もなかったのであんまり覚えてお
らんです」
「でも、写真では牛のすぐそばにコウノトリがいますけど」
「そう言われても…。ああ、そうそう、コウノトリは牛の後について来たり、足元に来てねき(側)
に付きまわっていましたわ。相性がいいっていうのか、牛も追い払わないしコウノトリも逃げなかっ
たですね」
牛が動けば川の中の魚も動き出す。牛の糞に集まるハエやブトは魚の餌になり、魚はコウノトリ
の餌になる。
この出石川は、豊岡盆地の大水田地帯である「六方田んぼ」を養う、水の供給源の役目を果たし
ている。清冷寺地区の放牧区域から少し上流に新田井堰があり、田んぼが水を必要とする春の田植
えから秋の稲刈り前まで、川の水はここから田んぼに注がれる。だから、この期間は井堰の下流は
水位が低く、コウノトリが川の中を歩いて魚を捕まえるのに適した状態になるのだ。特に、撮影さ
れた8月上旬は稲が成長しているので、コウノトリは田んぼの中に入ることができず、川の浅瀬が

重要な餌場であった。幸いなことに、現在は隣に造成された加陽湿地と一体となって、今もコウノトリの良い餌場になっている。

稲を踏むイヤな鳥？　でも本当の「豊かさ」とは

牛のことを話すうち、しずさんは少し落ち着かれたようだ。いじわるな質問もしてみる。

「コウノトリが田んぼに降りて、稲を踏むと困ったでしょう？」

「ああ困りました。田植えをした後の稲を踏むのでイヤな鳥でしたよ。ぼう（追い払う）と少しだけ離れて、また田んぼを歩く」。私の祖母と同じことを言われる。

「どんな風に追い払ったんです？」

「手でホーッと叫んで。まあコウノトリだけじゃなく、サギもおったんでしょうけど」

「それじゃあ追い払う効果はないでしょう？」

「しゃあないですよ。どうせ苗を踏むのは一時の間（苗丈が小さい田植えから約2週間程度）だし、そこまでしちゃらんでも（追い込んでやらなくても）。なんせ、昔の田んぼにはタニシやドジョウや魚がようけおりましたので」

「その頃とは、世の中も変わってしまったでしょ?」

「昔はみんながゆったりしていたし、人の関係もなじみっていうか、情がありました。今は情が薄いですね。牛を飼っている頃は、子牛が生まれると赤飯を炊いて配るんですが、皆、心から喜んでくれたもんです」

「では角田さんにとって、『豊か』って何でしょう?」

我ながらトンマな質問だ。恥ずかしい。しかし角田さんは正面から答えてくれる。

「お金ではないですね。お金なんかなくても豊かになれます。私はこの年(当時85歳)になっても畑に出て野菜づくりをしていますが、どれだけせんなんということもないし、無理にならんよう好きなときに休み、友達と話したりして自由に暮らしています。採れた野菜を人に分けてあげ、喜んでもらえるのがいいんです。余った野菜は、今でも豊岡の町に売りに行くんです。たまにですけど。顔馴染みの家を廻って、話すのが楽しいです」

帰路、しずさんとの会話を反芻しながら、私は安堵していた。元来へそ曲がりなので、ポスターの写真はたまたまいい風景が撮れたのかもしれない、と心の片隅のどこかで疑ってもいたのだ。

しかし不安は吹っ飛んだ。しずさんが語る世界は素晴らしく「やっぱりこの写真の世界が、我々が目指すものだったんだ」との感を強くしたのだった。

ポスターのコウノトリの目に映る悲しい運命

「35年前、みんなで暮らしていた」のポスターを、別の角度から見てみよう。ここに映っているコウノトリは12羽。このとき、豊岡盆地にどれくらいいたかを調べると、当時の兵庫県北但財務事務所の調査で1960（昭和35）年に14〜15羽と記されている。となると、映っているのはそのほとんどが集まっていたことになる。

さらに深刻だった状況もわかってきた。1998（平成10）年、兵庫医科大学遺伝学教室の山本義弘助教授と、神戸市立王子動物園の村田浩一獣医師（現よこはま動物園ズーラシア園長）に、1964（昭和39）〜1969（昭和44）年の間に豊岡盆地で死亡したコウノトリ12羽の剥製から、ミトコンドリアDNAを分析してもらった。その結果を山本助教授が『生物の科学　遺伝 vol.62』2008年7月号に投稿されているので、紹介したい。

それによれば、分析した12羽はすべて同じ母系列の遺伝系統に属していた、つまり近親交配を繰り返した親類縁者のみの集団であったと考えられるというのだ。これにより劣性遺伝子の形質があらわれ、繁殖力の低下や免疫力の均質化が起こることで、個体数の減少を招き、豊岡の地域個体群は「絶滅の渦」に巻き込まれていった、という分析も合わせて記されている。

なお現在の「コウノトリの個体群管理に関する機関・施設間パネル（IPPM－OWS）」では、遺伝子の多様性を確保することを基本としており、近親同士のペア形成の動きや既にペアになっている個体がいれば、その解消を実行している。

このポスターの写真から11年後の1971年（昭和46年）、野外でたった1羽で残っていた最後のコウノトリが死亡した。さらに1986年（昭和61年）には、捕獲され飼育下に入っていたコウノトリも老衰で死亡して、留鳥（年間を通じて同じ場所に生息し、季節による移動をしない鳥）として暮らす日本のコウノトリは消滅した。

人と生きものが自然の中に溶け込んで共存している、穏やかな情景に見えたあの写真は、コウノトリの視点で見れば、もうすぐ一族が消滅してしまうありさまを暗示するような、悲しい写真でもあったのだ。

でもポスターを作りはじめた当時の私たちには、かつての良き時代へのノスタルジアが先行し、生きものの視点から捉えるにはまだ鈍感でしかなかった。反省も含めて、今はそう思う。

第5章

国際かいぎ開催！ コウノトリでまちづくり—1993〜1994年

「まちづくり」に目覚めた、伊藤さんのひとこと

「コウノトリが大事って言っても、1羽が空を飛ぶには、その下にたくさんの生きものがいなくちゃ飛ぶこともできないからね」

1991（平成3）年のことだったと思う。上野動物園を訪問した夜、職員の方たちと夕食を共にしたとき、その一人の伊藤員義さんが何気なくボソッと言われた。その後も会話は途切れることなく弾んでいたが、私は妙にその言葉が腑に落ちて「うん、そうなんだ」と心の中で何度もつぶやいていた。コウノトリとほかの生きものを関連させて捉える視点に気づいたのは、この伊藤さんの言葉が最初だった。

コウノトリの野生復帰には、個体の保護と生息環境を一体に考えねばならない。多様な生きものがたくさんいて、食う、食われるという食物連鎖が機能している生息地をつくること。

しかし豊岡は、コウノトリが絶滅するほどに悪化した環境で、今も悪化し続けている。ならば、生息環境を改善しなければコウノトリは生息することができない。その場所は人間が生活する場所でもあるのだから、環境改善は生活に直結する。結局、コウノトリの保護とはそのまま「まちづくり」になるではないか。

だとすれば、豊岡のまちの基底にあるもの―地形、気象、自然、歴史、風土、生業、そして人々の考え方すべてが関係してくるので、それらを総動員せざるを得なくなる。大変なことだ。

いきなり世界レベル!? 「第1回コウノトリ未来・国際かいぎ」

コウノトリの野生復帰が緒に就いた頃は、いわゆるバブル全盛期。当時、全国のあちこちで「○○の祭典」が開催されていて、兵庫県も例外ではなかった。兵庫県は日本海から淡路島まで南北の距離が長く、地域ごとに歴史や文化・産業の特徴がある。その各地域のブロック単位で祭典が開催されていた。

たとえば1985（昭和60）年「くにうみの祭典　淡路愛ランド」、1988（昭和63）年「北摂・丹波の祭典―ホロンピア88'」というように。そして但馬地域でも1994（平成6）年に「但馬・理想の都の祭典」が開催されることとなった。但馬の歴史を見つめなおし、将来を展望していこうという趣旨だから、コウノトリの野生復帰計画はまさにドンピシャのテーマだ。経費は県と地元市町が支出。イベント毎に実行委員会が設置され、その事務局は地元市町が担うという形式だった。各自治体にイベントの希望を募られたので、豊岡市もすぐ手を上げた。

応募時の考え方としては、コウノトリは長い間施設の奥に閉じ込められていたので、豊岡市民は身近に感じていないだろう。これから取り組む「野生復帰」を、この機会に多くの市民に知ってもらい、議論する場を設ける意図だった。祭典だから大規模なことが可能だろうし、であればトップレベルの研究者に来てもらい、豊岡市が行うことの世界的な意義を話してもらおう（できれば海外から来てくれないかな…）、それにはシンポジウム形式がいいのではないか、最初はこの程度から始まった。

さらに欲を言えば、祥雲寺地区での建設を構想している施設（後のコウノトリの郷公園）の対象地域の住人には、自分たちの土地が何のために活用されるのかを理解してもらう、つまりは用地交渉をスムーズに進める絶好の機会となるので、特に参加してもらいたかった。

王子動物園の村田浩一さんに相談すると、講演者の候補があがってきた。「まずはコウノトリの生息地ロシアから、野生の生息状況を学ぼう。野生復帰が成功しつつあるカリフォルニアコンドルの状況を学ぼう。コウノトリ研究の第一人者、キャサリン・キングさんは外せないだろう。世界的な観点では国際自然保護連合（IUCN）から来てくれればいいね」

「ちょっと待って、それってすごい国際会議になってしまう（内心、ニンマリ）」

「そうですよ。それだけの価値があるんだから」と村田さん、平気な顔でおっしゃる。

中貝宗治 県議会議員に相談する。相談する前からわかっていたことだけれど、大乗り気。

「地方の小都市が世界レベルの会議をすることの意義は大きい。野生復帰は長い期間なのだから1回きりではなく、節目ごとに開催しよう」

文化庁の池田啓 文化財調査官に相談する。大乗り気。そして（いつもの）修正提案アリ。

「2部構成にしよう。1部のシンポジウムは必須だけど、それだけだとつまらない。2部では市民に出てもらって『井戸端会議』のような雰囲気でできないか」

後日、この井戸端会議のイメージで、国際「かいぎ」とひらがな表記にすることを決めた。

開催までの道のりはドタバタ続き

1993（平成5）年春には行政内部の段階だが、開催は1994（平成6）年の7月、経費は県と市が750万円ずつ負担する、事務局は豊岡市教育委員会社会教育課が担当し、内容は実行委員会で決定することなどが決まる。まず、海外から招待する研究者の交渉から取り掛かった。

人選は村田さんの案にしたがい、キャサリン・キングさん（ロッテルダム動物園、生物学者）、ウラジーミル・アンドロノフさん（ロシア、ヒンガンスク自然保護区長）、マイケル・ウォーレスさん（ロサンゼルス動物園野生生物保護科学部長、カリフォルニアコンドル野生復帰チームリーダー）など。彼らに決まり無事に開催するまでの経過はドタバタ続きだったので、少し紹介したい。

◆キャサリン・キングさん（ロッテルダム動物園、生物学者）

社会教育課臨時職員の舟木志ほりさんの友人が、キャサリンさんの住むアムステルダム在住だったので、出席の打診を依頼した。基本承諾がもらえたので、10月に思い切って親しい10人で当地に赴き、打ち合わせすることにした。ロッテルダム動物園での打ち合わせの後、アムステルダムのレストランで、パートナーのコーエン・ブローワーさん（IUCNヨーロッパ種の保存委員会委員長）と合流し、お二人での国際かいぎ出席の了承をもらった。

二人とも豊岡での試みに非常に関心が高く、その時、コーエンさんからA5版の小冊子をプレゼントされた。導入、野生復帰、再繁殖に関するIUCNの見解「生きものの転地」（1987〈昭和62〉年9月4日作成）だった。帰国後、大橋一成さんと舟木さん翻訳、村田さん監修で東京動物園協会の機関誌に掲載してもらった。日本で最初の紹介だったと思う。

このツアーのもう一つの行先は、フランスのアルザス地方だった。ヨーロッパコウノトリの野生復帰を進めており、コウノトリをまちづくりのシンボルにもしている地方だ。アルザスでの野生復帰は、冬季にアフリカに渡ると殺されてしまうので、渡らせず留鳥化することを保護の基本としていた。これにはキャサリンさん曰く「個人的には渡りという本能まで歪めることには賛成できないが、保護の態様は地域（文化）の自主性に委ねることが良い」とのこと。

アルザスで訪れたのはテーマパーク「エコミュゼ」、繁殖センター、ストラスブールのオランジェリー動物園と、見事にコウノトリ尽くし。彼の地ではコウノトリの餌場はブドウ畑で、ネズミやモグラを食べてくれるので農家にとって益鳥だと言う。みんな温かく接している。動物園での餌はヒヨコやニワトリの頭（廃棄するものでお金がかからないらしい。日本でのドジョウの餌代にびっくりされた）、文化の違いをまざまざと見せつけられた。熱心に説明いただいた動物園のガンゴロフ園長夫妻は野生復帰の主導者だ。歴史にも造詣が深いので、後の2000年に開催した第2回コウノトリ未来・国際かいぎに招待し、状況を報告してもらった。

◆ウラジーミル・アンドロノフさん（ヒンガンスク自然保護区長）

ロシアの研究者なんて知る由もない。村田さんにコンタクトの方法を尋ねる。「帯広畜産大学の藤巻裕蔵 教授がロシア事情に詳しいから、誰か推薦してくれるかも」との言。早速、藤巻教授に電話する。

「ウラジーミル・アンドロノフさんがいいと思うが、シベリヤの原野なので、連絡方法は知らない。モスクワ大学の教授なら電話番号を知っているので教えてあげる。彼に聞いてみてはどうか」

幸い、市役所にはロシア語ができる大槻稔さんがいる。彼に頼んでモスクワ大学に電話してもらうと、何とアンドロノフさんはこの教授の友人で、直接本人に打診してあげるとのこと。数日後には「日本で発表することを承諾したよ」と、アンドロノフさんの電話番号も教えていただいた。感謝。

しかしここからが大変だった。

当時のヒンガンスク自然保護区は当然のように直通電話などなく、国際交換局を通すのだが、これがいつ通じるのかわからない。待ちに待った数十分後、いきなり「つながりました」とかかってくる。そろそろかなと思う頃合いに、大槻さんに職場から駆け付けて待機してもらった。ファックスという手もあったが、先方には真っ黒（通称海苔）で届くとのこと。

それでも日時、講演内容、旅費、すべて合意できたので、あとは来日を待つばかりという頃、東京から不吉なうわさが聞こえてきた。以前、ロシアの発表者がハクチョウのシンポジウムで当日になっても来なかったことがあるというのだ。結局、何と1週間後に来られたのだと。これを聞いて、下手をすると国際的なトラブルになりかねないと不安になった。

たまたま中貝さんたちがハバロフスク州を訪問すると聞き、飼育員の船越稔さん（とその友人たち）に頼んで、中貝ツアーに合流させてもらうことに。ハバロフスクでアンドロノフさんに会い、豊岡まで連れて来てもらおうとの算段だ。なんとかうまくいった。かいぎ後の帰路は、スタッフの垣江重人さんに新潟空港まで送ってもらった。

◆マイケル・ウォーレスさん（ロサンゼルス動物園野生生物保護科学部長、カリフォルニアコンドル野生復帰チームリーダー）

文化庁の池田さん曰く「国際かいぎには関係者をできるだけ多く招待すべきと思うけど、実行委員会の予算を見ると難しい。せめて、マイケルさんの旅費は文化庁でみるよ」

ありがたい。マイケルさんは当時、若手の行動する科学者だった。国際かいぎ2日目の朝、ホテルで彼と同室だった村田さんの言葉。

「カリフォルニアの現地の人々にとって、コンドルは自分たちが死んだら霊を天上に運んでくれる大切な鳥らしい。そんなネイティブの人たちの思いや文化が底にあるから、我々はプロジェクトを実行できる、と言っていた」と。

洋の東西を問わず、一流の人材は技量と心根が一体と感じ入った。

国際かいぎを運営する実行委員会も組織され、実行委員長には黒田長久 山階鳥類研究所所長に就任していただいた。戦後のコウノトリ保護は山階芳麿博士の進言でスタートしたので、至極当然だった。1993（平成5）年、黒田所長に委員長就任をお願いに行ったときの印象を覚えている。スーツ姿で背筋をまっすぐ伸ばされ、静かに座る気高い紳士。一目で黒田所長とわかった。私は、その眼光の鋭さにひるんでしまった。

所長はあいさつもそこそこに、持参の資料を広げられる。スイスでのヨーロッパコウノトリの放し飼い施設についてだった。「いきなり野生放鳥は難しいだろうから、このような施設で徐々に野生化させていったらどうだろう」とおっしゃる。こちらは就任依頼のことしか考えていなかったのに、黒田所長は豊岡での野生化の手法まで考えられている。その後、いろいろな場でお会いし親しく会話できるようになると、最初に感じた「鋭さ、厳しさ」は「底の深い真の優しさ」でもあると思うようになった。

市民を巻き込み、第2部・井戸端会議の準備に奔走

文化庁の池田さんの言われる「井戸端会議風」とは、多くの市民が参加し楽しく考えていくことだろうと解釈し、同時に中貝さんの言われる「野生復帰には知と感性の両方が必要」とも通ずるとも解釈した。

これらを充たすにはプロの手も要る。ならば第2部は2つのパートに分け、まず劇団わらび座による「音楽物語　コウノトリ大空へ」を上演することにした。わらび座は、コウノトリを再び大空にはばたかせようと取り組む姿に感動され、音楽劇を創作されていたのだ。

難題は、もう一つのパートの市民参加の部分をどう切り盛りするかだ。下手すると場がバラバラになり白ける怖れがある。この進行役もプロに頼むことにし、NHKの池尾優プロデューサーから、TV番組「生きもの地球紀行」のナレーションをされていた柳生博さんを紹介していただいた。N

HKの食堂でお会いして懸命に説明する。柳生さんは「よし、やろう！」即断即決、快諾。その気っぷの良さに感服したものだ。その後も国際かいぎを開催するごとに出演いただき、場を大いに盛り上げてもらった。また2004（平成16）年の「コウノトリファンクラブ」発足時から会長に就任され、2022（令和4）年に亡くなられるまでたくさんの地域を訪問し、住民に「すごいね。いいね」と明るく誉め、激励し、勇気を与えてくださった。

さらにもう一人。NHKの小野泰洋ディレクターには、保管されていたかつての野生コウノトリのフィルムを映写し、当時の様子を解説してもらうこととなった。コウノトリが野外で飛ぶ映像を見て、年長者には当時を思い返してもらい、若い人には思いを馳せてもらうことが狙い。

では舞台に上がってもらう市民はどうする？　やはり子ども、小学6年生がいいだろう。市内の全小学校から数人ずつ出てもらおう。昔を知る老人の方たちにも参加してもらおう…と、地元の中筋老人会にお願いした。この老人会に所属する「35年前、みんなで暮らしていた」のポスターの角田さんにはぜひとも参加してほしかったが、「派手なところ、目立つことはイヤだ」と固辞されてしまった。

もう一人、口説かねばならない方があった。「PRポスターにはぜひ、動物画家の薮内正幸さんにコウノトリの絵を描いてもらおう」とは、池田さんの提案。吉祥寺のアトリエに赴きお願いすると「い

薮内正幸さんの原画は、豊岡市民会館のレリーフ（上写真）や、刺繍を施した帽子（左写真）など、さまざまな形で展開された

いよ」と即快諾。できあがった絵は素晴らしく、ポスターだけで止めておくのはもったいない。あらためて許可をもらってTシャツなどにしたり、豊岡市民会館外壁の大きなレリーフとなって今も見る人を楽しませている。薮内さんには後に講演にも来ていただいた。

準備と運営に関して、大きな冒険もした。ボランティアスタッフを公募したのだ。外国の様子をテレビで見て、豊岡でもできないかと思いついた。応募者は約20人。英語の得意な人、賑やかなことが好きな人、雑多で個性的な人たちだ。最初の顔合わせで、国際かいぎの概要を説明する。積極的に応募されたのに、いまいちノリが悪い。最終的には何とか形がついたが、気になったので後で応募者の一人、大橋一成さんに聞いてみた。「最初は役所言葉で話されたからですよ。後半になってやっと佐竹さん自身の思いを話された。だから、みんな身近に感じて乗ってきたんです」

ボランティアの仕事は、田舎で大々的な国際かいぎというのでインパクトは強いものがあった。かいぎが終わってもテンションは高かったので「こうのとり応援団」（団長 田中晶さん）という自立した市民グループに生まれ変わり、活動を展開された（現在は解散）。

ついに第1回国際かいぎ開催、感涙のフィナーレ

ついに1994（平成6）年6月25日、第1部「コウノトリ国際フォーラム」が、翌26日には第2部「はばたきのつどい―コウノトリが隣にいるってどんな感じ?―」が開催された。初日には秋篠宮文仁殿下のご臨席を賜った。殿下は、創立者の山階博士の後を継がれ、第2代山階鳥類研究所の総裁でもある。ご臨席によって会場にピーンと緊張感が走ったことを覚えている。

フォーラムでは海外組のほか、国内から松島興治郎 コウノトリ保護増殖センター長、斎藤勝 東京都多摩動物公園園長が報告され、ディスカッションのコーディネーターは池田啓 文化庁文化財調査官・実行委員が務められた。

第1回国際かいぎの詳細をおさめた報告書。表紙には薮内正幸さんが描いたコウノトリがはばたく

第2部は、わらび座の公演と柳生さんの見事な進行で大いに盛り上がった。壇上に上がった中筋老人会の一人、大字しずのさんが「コウノトリさんに謝らんなん」と言われたのが印象的だった。多くの方が壇上に上がられ、客席も壇上も一体になって熱気に包まれたまま、フィナーレは豊岡北中学校の中嶋淑絵さんによる「はばたきのメッセージ」が朗読された。

「扉は開かれた。（中略）さあ、コウノトリ。21世紀の大空へ。私たちと一緒に　はばたこう！」

誰もが、コウノトリが野外へ放たれる劇的な瞬間を夢見ていた。かいぎの後、何人かに感想を書いてもらった。うち2人の感想を抜粋してみよう。

「アンドロノフ氏を送って新潟まで」（垣江重人・豊岡市教育委員会）

六月二十六日、日曜日、午後四時「コウノトリ未来・国際かいぎは大成功のもとその幕を閉じた。言葉では言い表せぬ感動と虚脱感が私を包み込んだ。まわりにいる人みんなに「ありがとうございました」と言って握手を求める。本来だったら、ここで後片付けをした後、打ち上げというところだが、私にはもう一つ仕事が残っていた。そう、ロシアからのお客様、アンドロノフ氏を新潟空港まで案内しなければならないのだ。ところが私は、ロシア語はおろか英語すらままならない状態。国際かいぎの余韻に浸るまもなく、不安な気持ちと共にマイクロバスに乗り市民会館を出発する。

六月二十七日、月曜日、大阪空港。アンドロノフ氏は、どうも土産を買いたい様子。奥さんへ送るパン焼器らしい。空港内のショッピングセンターを一緒に見て回るが、なかなかパン焼器が見つからない。やっとの事で私が見つけると「ノー、ノー、ヒタチ」。なんと日立以外のメーカーではだめらしい。ロシアでは日立はブランドなのだろうか。彼はもう一度自分で見て回ると言いはる。しかたがないので、待合せの場所と時間を決めフリータイムとする。

ところが待合せ時間になっても彼は現れない。約束時間が十分、二十分と経過する。私は、場内を駆け回って捜すがどこにも見当らない。場内放送をしてもらうべく案内所を探すが、場内放送は出来ないということであった。また、待合せ場所に戻る。やはり彼は戻ってきていない。飛行機の搭乗時間まであとわずか。オー・マイ・ゴッド。

その時、誰かが私の背中をぽんとたたいた。振り返るとなんとアンドロノフ氏が申し訳なさそうに立っている。なんと約束時間より四十分遅れである。私は、その時の気持ちを表すために、両手を大きく広げ、その次に右手を胸に当て大きく息を吐いた。それを見て「アイムソウリー　アイムソウリー」と彼は何度も謝る。「それよりハリーアップだ」と二人は搭乗ゲートまで走り出した。一生懸命駆けたおかげでなんとかぎりぎり新潟便に間に合った。

短い一日の内にいろいろなことがあった。しかし言葉は少なくても気持ちは十分通じた。新潟空港の搭乗口でアンドロノフ氏を見送るとき、まるで昔からの友人を送り出すような気持だった。堅い握手を交わす。アンドロノフさん本当にありがとう。そして、またいつかお目にかかりましょう。

「舞台裏で見たもう一つのシンポジウム」（舟木志ほり・こうのとり応援団）

六月二十六日、シンポジウム最終日。前日同様、キャサリンは（生後3カ月の）ミラちゃんを金子喜代美さん（ボランティア）に預けて、（夫の）コーエンらと共に文化ホールの客席にいた。愛情深い金子さんの気持ちが通じたのか、ミラちゃんは金子さんにすっかりなつき、キャサリンも安心して任せていた。

夕方になり、シンポジウムも全日程を終え、いよいよキャサリンたちはバスで神戸に向かう時間となった。（中略）荷物を片付けていると、コーエンが三人（キャサリン、金子さん、私）で写真を撮ってくれるというので、並んで立った。その時、ふと隣のキャサリンの顔を見ると、涙で頬が濡れていた。一瞬言葉を失って、私は思わず彼女の頬の涙を手でぬぐっていたが、金子さんもまた泣いていた。感謝と、安堵と、大切なもの（ミラ）を分かち合ったという気持ちと、別れの悲しさと…いろいろなものが混じり合った複雑な思いだったに違いない。二人は自然に肩を寄せ、抱き合っていた。本当に思いがけないキャサリンの涙だった。

感激のシーンもそこそこに、バスへと急がねばならなかった。キャサリンが荷物とミラちゃんのキャリーを持っていたので、金子さんは気遣って荷物を持とうとした。ところが、キャサリンは荷物を自分で持ち、ミラちゃんを金子さんに託した。大切なミラは最後まであなたにお願いします、ということなのだろう。（中略）

惜しみなく協力する心、そしてそれに感謝し、報いる心…。たくさんの心と心のふれあいが、シンポジウムの成功に大きく貢献したのではないかと思う。また逆に、それこそがシンポジウムから得られた、大きな成果だったのではないかとも思う。

日程のすべてが終了し、後片付けも終わった後、市民会館ロビーでは自然と人の輪ができた。ボランティアと職員の面々だ。何人かが感想を述べだした。準備期間が長かったし、事務局も深夜までの残業が続いていたので、疲労と達成感であふれている。言葉が涙でグジョグジョになっている。誰かが「さあ、次は佐竹さんを泣かそう」と叫ぶ。ダメ、今何か言ったら、もうオイオイ泣いてしまいそう…逃げまくってしまった。

小冊子「舞い上がれ再び―コウノトリの歴史―」

1994（平成6）年3月、これから初めての国際かいぎを開いて野生復帰を進めるにあたり、一人でも多くの市民に理解していただきたい基本的な事柄を、A5判32ページの小冊子にまとめ、豊岡市教育委員会で発刊し全戸配布した。これまでのコウノトリの歴史、これから何をしようとしているのか、ふるさと豊岡の姿など、担当者である私の力不足もあり、いま読むと捉え方も浅く赤面ものだ。だが、私なりの考えを記したなかの一つが、「豊岡をコウノトリとの関りで捉え直す」ことだった。

そこには、環境、そして人間との関りで、豊岡がコウノトリの最後の安息地になった意味を考察してみた。本当は、豊岡には角田しずさんのように、少々稲を踏まれても「一時《いっとき》のことだから」と許容するおおらかな心があった、とまで書きたかったのだが、まだそこまで主張する自信はなかった。だが、コウノトリ野生復帰とは、「人と生きものが共生する社会―こころ豊かな社会―を目指すものである」と定義している。最後に、次のように問題提起している。

「生息環境が悪化したため、滅んでしまったコウノトリ。あちこちで進む大規模な開発や、棄農で荒れてしまった田んぼ、車の増加などを考えれば、今はさらに環境が悪化しているのは明らかです。そうした環境の中にコウノトリを帰すことは無謀なことでしょうし、『コウノトリが悠々と大空を舞っていた昔の暮らしに戻すべき』というのも現実的ではないでしょう。

残された道は、いろいろな試みを段階的に行いながら、私たちとコウノトリが一緒に暮らすための妥協点を探っていくしかありません。

どうしたら、私たちもコウノトリも幸せになれるのでしょうか？（中略）

半世紀前まで、私たちはコウノトリとともに生き、コウノトリの生息を支えてきました。この誇るべき地域文化をもとに、国内はもとより海外とも交流し学びあっていけば、その答えは必ず出てくることと思います。」

改めて読み返してみると、野生復帰＝まちづくりのとっかかりとしては、あながち間違ってはいなかったと自負している。

第6章

自然保護のための用地買収は「善」か？

―1995～1999年

施設用地の準備が整うも…阪神淡路大震災起こる

1992（平成4）年4月に発足した「コウノトリ将来構想調査委員会」は、①将来コウノトリを野生に帰すこと、②野生復帰の拠点施設を市内の祥雲寺・河谷・百合地区内につくることを決めて任務完了。翌年からは「（仮称）コウノトリの郷公園基本構想策定委員会」、さらにその翌年には「基本計画策定委員会」となって具体案が固まっていった。

併行して私たち実務当局では、施設用地（以下、コウノトリの郷公園）の範囲を固めていった。先のコウノトリ飼育場拡張（第3章参照）と同様に、鎌谷川から南の谷あい平野部を背後の山の稜線で囲んだ。結果、総面積は約165ヘクタール、甲子園球場の約43倍という広大なものとなった。うち約120ヘクタールは自然ゾーンの山林が占める。

自然・生きもの保護を目的とする施設には、周囲の地形、植生、土質、湧水・流水、各種生きものなどを考慮し、これだけの範囲が要るというモデルになればと考えた。先述の県・市の役割分担に基づき（77ページ参照）、用地取得は兵庫県（土地開発公社による先行取得方式）が行うが、実務は豊岡市に委ねられた。もちろん、担当課は教育委員会社会教育課の文化係、私と垣江重人さんが担当である。予算措置が整い、対象地が確定し、土地所有者（地権者）の特定と用地測量も立ち合いのうえ完了。「さあ、対象地域、地権者の方たちとの用地交渉を本格化させよう」となったとき、とんでもないことが起こった。

1995（平成7）年1月17日。この日の午後に東京から、作家の佐藤一美さんが取材に来られることになっていた。朝、電話が入る。「何か神戸で大きな地震があったようで、電車がすべて不通になっている。今日は行けないので後日よろしく」とのこと。「何か大変なようですね」、こちらも事態をつかめないままテレビを見ると、徐々にとんでもないことになっていることがわかってきた。

阪神淡路大震災である。死者6434人、行方不明3人、負傷者4万3792人、全壊家屋約

10万5000棟、半壊約14万4000棟という未曾有の大震災だった。実は、私の長男が神戸市兵庫区の予備校の寮に住んでいたので、この後で駆けつけて連れて帰ったのだが、現場はもう凄まじく惨憺たるものだった。

ライフラインは遮断され、兵庫県庁のすべての行政機能は不全に陥った。被災者の救援に奔走し、その後のまちの復旧・復興に全力が注入された。当然、それまでに計画されていた事業はほとんどが中止、もしくは凍結。正直「野生復帰計画は消えた」と観念した。夏が近づく頃には少し状況は落ち着いてきたが、それでも「コウノトリの計画はどうなったでしょう?」と聞くこと自体すべきではないと自制し、じっと待っていた。

何月だったか、県の教育委員会から「コウノトリの事業は残った」との知らせが入った。口調は感激というトーンではなかったことが余計に、貝原俊民 兵庫県知事の決意の強さを静かに物語っているようだった。身震いがした。

後の話になるが、震災当日に取材を断念された佐藤一美さんは、その後、豊岡を訪問。『大空に飛べコウノトリ—豊岡市の野生復帰作戦』(講談社、1995年)を上梓された。

用地買収でコウノトリへの根強い反感に遭う

コウノトリの郷公園の対象用地は、約165ヘクタールと広く、谷はいくつもあり、標高約200メートルの山もある。一筆（不動産登記上の独立した1個の土地のこと）ごとの面積は按分方式としたが、外周の境界は歩いて確認する必要がある。そのため村の長老にお出まし願った。

そのうちの一人は路上の歩行に不安がある方。だがいったん山に入ると、けもの道を先頭に立ちさっさと歩かれる。おまけに私が背負っている杭を「持ってやろうか」とまで。往年の山仕事の名残りか、そのはつらつぶりに感服したものだ。

河谷地区での説明会のとき、ほかの長老が「この村山（共有林）は、古くから村人の生活を支えてきてくれた。戦後の混乱していたときにも、松を売ってしのいだ。いわばこの山は村の恩人だ。『河谷村』名義は残すべきで、わしは売ってしまうことには反対だ」と訴えられたことがある。ズシリと堪えた。

対象用地の5地区には何回も説明とお願いに伺ったが、最初の頃はすべての地区から害鳥としてのコウノトリへの反感を根強く訴えられた。

各農家からは、植えた稲の苗をコウノトリが入って来て踏んでしまうこと、ツルボイ（追い払い）に苦労したこと、そして農家の苦労を行政はわかってくれなかったこと、不満が次々と噴出した。私は、公式文書に書かれていることと現場との、あまりの思いの相違に戸惑ってしまった。

用地の説明をしようにも、まずコウノトリへの反感から始まるといった状態が続く。コウノトリの郷公園の事業について説明すると、「まさか、あの（害鳥の）コウノトリを（野に）放すことはないだろうな」と詰問されたこともある。口をもごもごさせながら「郷公園の役割は、自然馴化（野生化させるための訓練などの試み）です」とごまかしたこともある。

行政答弁としてはいかがなものだが、実際にもこの頃はまだ、野生復帰＝個体を豊岡の地に放鳥することまでの具体的イメージは掴みかねていた。

用地買収とは「土地を奪う」ことなのか

地権者の一人、境良三さんは地元の祥雲寺地区で農業を営まれている方だ。田んぼの畔に立ってお米の生育ぶりを見、座って穏やかな表情で休まれる姿には、根っからの「日本のお百姓さん」の風情があり、とても魅力的に感じていた。あるとき、長男の佳昭さんが言われた言葉が胸に痛く突き刺さった。

「親父は天気が良ければ、いつも田んぼに出てごそごそしている。とれたコメは娘の家族などに分けている。孫たちがやってきて野菜を一緒に採ったり、もらったお礼を言われて嬉しそうにしている。時々、誰かが来て農作業を手伝うこともある。

こういう日常で我が家の平和が保たれているんだ。我が家は専業農家ではないので、コメを収穫しないと生活できないわけではないが、親父は田んぼに出ていれば元気にしている。冬になって農仕事ができなくなると、家の中で相撲を観ることくらいしか楽しみがなく、体を動かさないのであちこちが痛むと調子が悪くなり病院通いとなる。田んぼがなくなると毎日が冬の状態となり、子どもや孫たちとの交流も少なくなる。

あなたたちは『人と自然の共生のためだから協力してくれ』と言うが、うちにとってはどんな目的だろうが、土地を手放すと家族の平和が少しずつ崩れていくんだ」

古くは成田空港の設置やダム建設など、開発のための土地収用がよく問題となってきた。では人間都合の開発のためなら「問題」で、自然・生きもの保護のためなら土地を奪ってもいいのか。どちらも農家から生業を切り離してしまうではないか、との指摘に、冷水を浴びせられたようで落ち込んだ。先の河谷地区有林のときと同じだ。せめて完成後のコウノトリの郷公園が、どのような姿を見せて地権者に還元していくべきなのか、大きな宿題を突き付けられた。

コウノトリと郷土愛、実は同じ根っこのもの⁉

ところが、こうして会合を重ねるうちに、どの地区でもあるパターンに落ち着くことに気づいた。最初は誰に話しても「害鳥コウノトリ」のオンパレード、反感だけだったが、やがて用地関連の話が落ち着くと、誰かがかつてのコウノトリのことを話し出す。

「ツル（コウノトリ）はサギと比べると動きがどんくさかったな」、すると周りからも「畔を歩いていたらすぐ横の田んぼの中にツルがおってびっくりしたけど、向こうは逃げもせなんだ」「ツルがアンタを侮っとるんだ」「ハハハ」、みなで笑い合う。

しまいには「うちに当時の写真があるけど、見に来るか?」と、だんだんと自慢話になっていく。やがて「あの頃はドジョウが一杯おった」「川の底はきれいな砂地だったが、今は泥だ」と、周りの自然や生きもの、稲の生育の話などが脈絡なしに続いてお開きになる。

害鳥のために米の収穫が減ったという話はどこの地区でも出てこない。ひょっとすると心からは怒っていないのかも。むしろ、コウノトリの話になると茶化しながらも楽しそうに、懐かしむように話される。

あるとき『人と自然の共生』と説明するが、『コウノトリと共生する』とはどういうことなんだ？　具体的に教えてくれ」と聞かれ、言葉に窮してしまったことがある。困った私は先進事例がないか、プロの数人に助けを求めた。しかし回答は抽象的でピンとこない。

その中で、山階鳥類研究所の杉森文夫広報室長の回答がストレートだった。曰く「そんなの、日本にモデルを求めてもどこにもないよ。あなたがそれを最初にやるんでしょうが」。エールはありがたいが、当方マジで困ってるんですよ！

その後、机上ではいつまでも具体的なイメージは出てこないと思い、類似の施設を見に行くことにした。探すと、岡山県佐伯町（現和気町）で1991（平成3）年に設置された岡山県自然保護センターがあり、タンチョウの放鳥訓練も行っていることがわかった。対象地区や地権者の中で希望者を募り、マイクロバスで3回に分けて視察した。約100ヘクタールもあるセンターで、大きなタンチョウを間近で見たときに、地区役員の方が発せられた言葉はこう。

「ツル（タンチョウ）はもっと格好良いと思っとったけど、案外ぶさいくだな。コウノトリの方が格好良いわ」

なんとまあ。外に出れば身びいきになるんだなあと面白く感じた。これも「郷土愛」の一つだと思うと、外に出かけてよかったなと実感した。

祥雲寺地区のむらづくりは、将来への布石

村の半分がコウノトリの郷公園の用地となる祥雲寺地区は、長らく24戸でほぼ固定している小集落である。1992（平成4）年に建設計画の可能性を打診して以来、地区住民は建設を受け入れるか否かで大揺れとなった。そして徐々に「コウノトリの郷公園ができることを前提に、地区の将来を考えていこう」との流れに固まっていった。

この議論の底辺にあったのは、祥雲寺地区は何もなければこのまま静かに過疎が進んでいき、高齢化、後継者不足で農業もおぼつかなくなる（座して死を待つのはイヤだ）、「コウノトリの郷公園は人と自然の共生を目指す」と言っているので、それと連携して新たなむらづくりの賭けに出てもいいのではないか、こんな感じだったと思う。

1997（平成9）年1月、地区はむらづくりに本格的に取り組むため、「こうのとりのすむ郷づくり研究会」を発足させた。メンバーは中堅を主に構成された10人、うち女性は2人。地区役員の上田明男さんが会長に就任された。

まず取り組まれたのは区民アンケートである。個々の区民が自分の村をどう思っているかを、自然環境、歴史、人間関係、生活要件に分けて、それぞれ自慢できるもの、好きまたは嫌いなところを記述してもらい、これからの提案も自由に述べてもらった。

このアンケート結果を踏まえて、月1回定例会を開催して村のあるべき姿をまとめられた。会議だけではなく、1998（平成10）年の「中間報告書」以降は、鎌谷川の堤防で村とコウノトリの郷公園予定地を眺めながら大鍋をつついて懇談する「いも煮会」の開催、2000（平成12）年4月にはコウノトリの郷公園内の施設「コウノトリ文化館」の開館を祝う「コウノピア結婚式」を区民総参加で行い、取り組みながら考える活動を展開された。

結婚式を挙げたのは、隣の地区である栄町の足立新吾・明美さん夫妻で、式場はコウノトリ文化館の多目的ホール。久々比神社（「くくひ」とはコウノトリの古称のこと）の神主による神前結婚式だった。ちなみにその時の私は、初代コウノトリ文化館長。花嫁さんが駐車場から橋を渡って文化館に入るまで、下宮地区の石田敏明さん（豊岡あいがも稲作研究会会長）に長持唄を歌ってもらったが、田園に澄み渡る声で、いやぁ感動的だった。

予想外の難工事だった公園造成

1996（平成8）年度末には、約330筆、地権者数十人、面積165ヘクタールの用地（地目は山林、田、畑、雑種地。工事用火薬庫もあった）はすべて取得完了となり、翌97（平成9）年度から造成工事が始まった。その年のうちに、野上のコウノトリ保護増殖センターから一部のコウノトリを移して分散飼育を始めるという突貫工事だった。

大きな重機がうなりをあげる現場に立つと、6年前には夢物語のようだったことが今、目の前で現実になっている。そのことにはうれしいというより「言い出しっぺ」として重苦しい責任を感じてしまった。これだけの人とお金が動いている。「このまま進んで、本当にいいんだよね」。うまくいかず、多くの人を混乱させてしまったときの惨めさが浮かび、逃げたくなるくらいに不安になった。

工事は、基本計画に基づく造成と建築が着実に進められていった。ただし中には思いのほか齟齬が出てきて、実際の現場はそんなに甘くないことを突き付けられた。2つだけ記しておきたい。

◆公共事業下の「自然型工法」のあり方とは？

コウノトリの郷公園は、大きく分けて「管理ゾーン」と「自然ゾーン」に分けられる。管理ゾーンには建物や飼育ケージがあり、道路なども配置されるので、当然、人間が使いやすいように整備する。対する自然ゾーンは野生化や生物多様性を見込んだビオトープや池などを配置し、隣接する鎌谷川は護岸整備も行う。ここでは可能な限り現状の自然を残し、生物環境をより良くすることが求められる。

だが現場に行って感じたのは、「自然ゾーンも管理ゾーンと同じく、『人間主体』なのではないか」ということだった。

たとえば自然ゾーンの造成は、湿地や池、水路は土でいいものを、わざわざ外から石を搬入して積み上げ、護岸を造る。鎌谷川も、せっかく川幅を広くしたのだから、水の流れを自由にしておけば時と共に蛇行した水域ができるだろうに、木杭で狭く固められてしまった。

「工事」と名がつく以上、壊れないものをつくることが鉄則で、その根拠と数量は計算できなければいけないのだろう。それには、石をいくつ搬入したかは計算できるが、現場の土をいじるだけでは計算が難しい。当時、先進的な研究者は「自然型工法で行うのは7割、あとは自然に任せろ」と言っていたが、公共事業ではそんなことでは完了検査できないということか?

造成工事が完了し、県の現場技師が転勤するとのことであいさつにみえた。

「あなたとは現場でやり合って、気分を害されたこともあったと思う。最後だから正直に言うが、これまで学んできたのは近代工法で、我々はそれしか知らない。だから、私はあなたが言っていることが実は理解できなかった。この現場は発想がまるで違った」

時代はまさに20世紀が終わるとき。21世紀の「人と自然の共生」に向けた施設づくりの考えが、地方の技術職員の方たちに及ぶには、まだ少し時間が必要だったかもしれない。

◆カエルに良い産卵環境とは?

ある時、造成現場で山裾の木が刈られていたのを見て、現場監督に注意した。「モリアオガエルが産卵する大事な木だったのに」。彼はムッとして「カエルの環境は保全すべきと聞いていたので、水辺をしっかりと保護していますよ」と反論してくる。「カエルの中には、木に上って卵を産むものもいる。ここにあった木がそうだったんだ」と答えた。

後日うわさが耳に入ってきた。件の現場監督がスナックで「この前カエルの木を切っちまったって、市役所の人に怒られた。(たかが)カエルのことで」。周りの人と笑い合う光景が目に浮かぶ。

私はそれを聞いて嬉しいと思った。今度のコウノトリの郷公園では、「たかが」カエルのことが問題になり、怒る職員がいる。近い将来、豊岡では生きものの生息に目を配らなければ公共事業を請け負えない、豊岡の土木業者は生物のことをよく知っているぞ。
このカエルの一件は、そんな時代になっていく先鞭のような気がした。

エコミュージアム「コウノトリ文化館」構想はじまる

文化庁の池田啓さんから『エコミュージアム』というのがあるんだけど、知ってる?」と電話があったのは、1993(平成5)年の春だった。もちろん知らない。「ともかく資料を送るから」とのことで、届いた資料から少しずつ読み取っていった。

エコミュージアムとは、「エコロジー(生態学)」と「ミュージアム(博物館)」の造語である。住民の参加によって、その地域で受け継がれてきた環境(自然や文化、生活様式も含む)を、研究・保存・展示・活用するものだ。

私は、市がコウノトリの郷公園内に設置する普及啓発施設こそ、「エコミュージアム」であるべきと意識しだした。コウノトリという生物の生態と、それを長く育んできた自然・文化・生業などを一体的に提示し、住民参加型で学んでいく施設と位置づけると、ピッタリと落ち着く。県・市の役割分担でいくと、コウノトリ保護増殖事業の直接執行は県、市民の側から地域の自然・文化を通し

（下写真）コウノトリ文化館の外観、（右写真）館内で羽ばたくコウノトリの剥製（右写真撮影：河内明子）

てコウノトリを捉えるのは市というわけだ。そのイメージを研究者、市職員、地元住民などと議論し、徐々に具体化させた。

施設の名称は「コウノトリ文化館」。建物は共生社会を目指すという未来志向と、古くからの重厚な様式の両方を兼ねたもの、つまり屋根は丸瓦が入った瓦葺、壁は白の漆喰とし、柱や棟は最新の米松の集成材（地元の材を使いたかったが、乾燥に要する期間と強度で断念）、デッキには木材とプラスチックを混合した、最新のものを取り入れた。

広い多目的室の横にコウノトリの公開飼育場を設けることになったので、コウノトリとその奥の田園風景を、多目的室からどう見せるかに苦心した。4枚の戸を開けると柱がなく、外の風景がパノラマで展開する。来館者はここで寛ぎ、恋人たちは愛を語り合う、そんなイメージだ。

壁には、1960（昭和35）年のコウノトリと但馬牛と角田さんの写真を、大きく引き伸ばして掲げた。開設後、年配のご婦人がコウノトリを見ながらそっと手を合わせる姿があった。孫が生まれますようにとでも願われたか。ここには祈りも存在する。

展示は何にすべきか。コウノトリ保護に係わる歴史や経過は当然として、地元の方が思いや活動を語り掛けるのがいいのではないか。そう考えて、昔の出石鶴山の茶店をご存じの方、地元農家の方、川漁師の方、生物ファンの方、柳行李を編む方、文化財を守る方に写真と語りで登場してもらった。生きものに関しては、世界のコウノトリの仲間、地元の野鳥や獣などを剥製展示し、魚類関係や昆虫の展示は、市民グループ「コウノトリ市民研究所」の協力を得て行った。

展示のメインを何にするかは、最後まで残った大問題だった。展示を担当された、丹青社の福本雅之さんと深夜までよく悩み合ったものだ。ここには国宝などのとびぬけた存在が「ない」ことこそが、穏やかな共生社会の特徴でもある。もしあったとしても、それだけに光を当ててメインにするのは趣旨に合わない。でも「人と自然の共生」を展示物で表すのは実に困難だ。

そんなとき豊岡市教育委員会の文化財発掘調査班から、「山の麓で貝塚が出土している。一部はポンプ場建設となるので、今なら剥ぎ取りが可能ですよ」と連絡が入った。通称ブリ山と呼ばれる香住地区は、約1万年前の縄文時代（海進期）には一帯が海だった場所だ。案内された現場は、カキが堆積したものだった。

宮垣均さんのデザインによる、コウノトリ文化館の屋根瓦。デザイン化されたコウノトリの顔が愛らしい（撮影：河内明子）

調査員の潮崎誠さんによれば、下半分は自然堆積層で、上半分は人間が捨てたものが堆積しているとのこと。人々は近くの集落から小舟でこの山までやって来て、カキを採取し、殻は捨て、むき身だけを持ち帰ったのではないかと言う。人為的に捨てられた層と、下の自然堆積した均平な層との違いがよくわかる。運よく、その境目の箇所に縄文土器の破片もある。ここには人間の行為によるものと自然の状態が一体となってある。

そこで慎重に原形のまま剥ぎ取ってもらい、これを展示のご本尊（メイン）にし、豊岡盆地＝ウエットランドの様子を航空写真で平面展示した。もちろん、障害を持つ方がスムーズに利用できるようにも配慮した。

約2万年の時を経て、豊岡盆地の平地は波に削られ、上流からの土で埋められ、広大で均平な湿原となった。田んぼに整地された以後は草刈りと耕耘によって「明るい湿地」となり、コウノトリをはじめとする水鳥にとってはより棲みやすい土地となった。この歴史の上に立って共生社会を考えるには、この貝塚の展示がふさわしいと確信したのだ。

さらに、当時、教育委員会体育青少年課にいた宮垣均さん（元建築会社勤務）には、屋根の丸瓦と鬼瓦のデザインを頼むと快く描いてくれた。

「我々事務屋は、書類なんて数年で廃棄されるのだから、やったことが形で後世に残ることはほとんどない。瓦にすれば何年経った後でも残るので、孫にも自慢できるぞ。数百年経った後に文化財として発掘されるかも」と、そそのかしたことが功を奏したのだ。コウノトリ文化館に来館されたら、屋根もご注目ください。

「コウノトリの郷公園」「コウノトリ文化館」、いよいよ開設

1999（平成11）年10月、つまり20世紀の最後の年に、種の保存と遺伝的管理、野生化の科学と実践、そして人と自然の共生の普及啓発という3つの機能を有する兵庫県立コウノトリの郷公園が開設された。園長には増井光子さんが就任された。

研究部が設けられ、初代部長に池田啓さん（兵庫県立大学教授との兼任）が就任された。池田さんは、文化庁文化財調査官という職から思い切って転職され、住まいも家族で豊岡に移された。研究部の

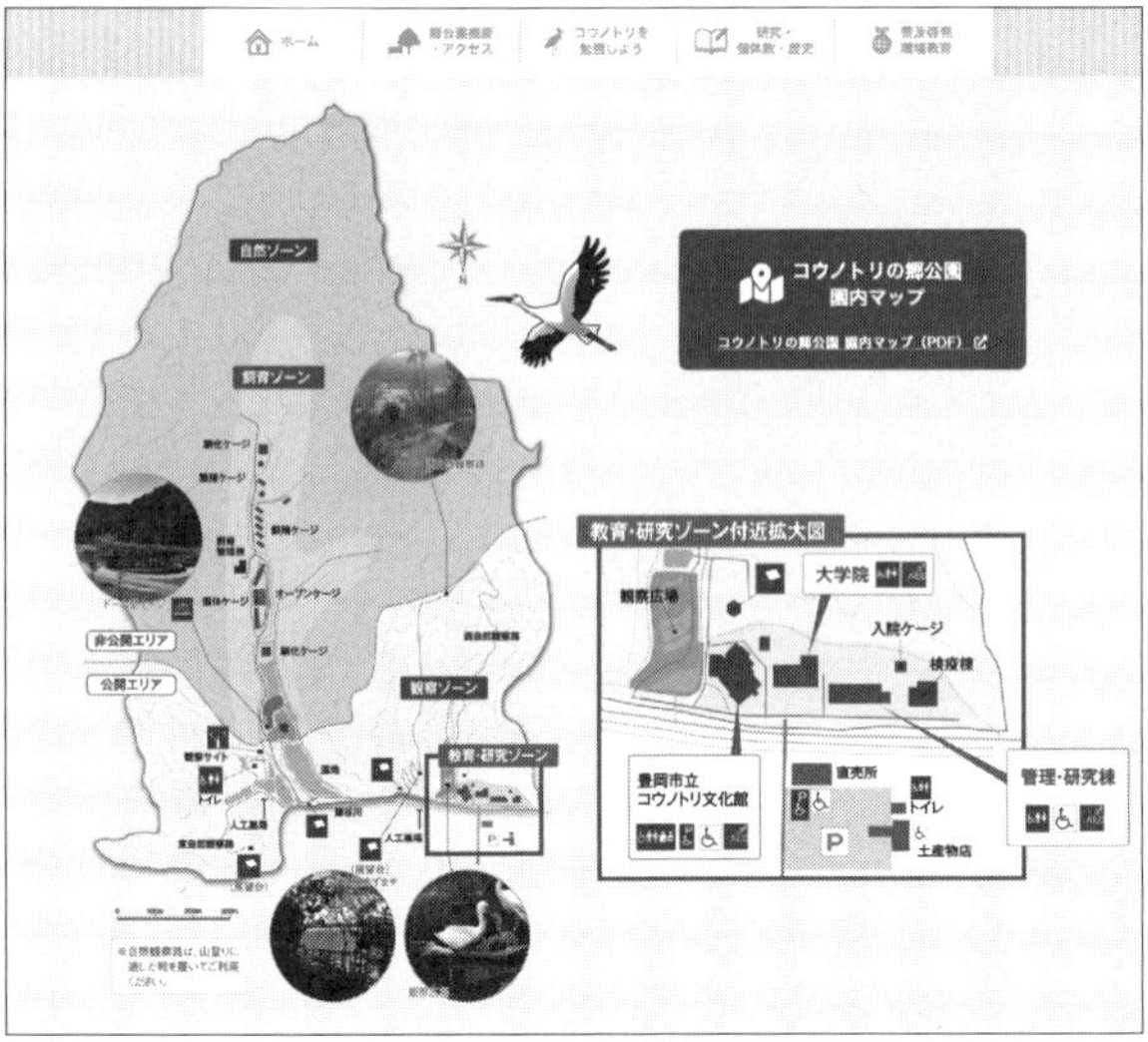

コウノトリの郷公園の全景地図。同公園のサイトより

陣容は、鳥類生態学の大迫義人さん、少し遅れて植物学の内藤和明さん、環境社会学の菊地直樹さんも就任された。日頃から「野生復帰は総合的な取り組み」と言われていた池田さんの意向が強く反映されたものとなった。また、獣医師として三橋陽子さんが就任された。

　コウノトリの郷公園の始動によって、飼育業務はすべて兵庫県直轄で行うこととなったが、それは豊岡市が受託業務として長年飼育を行ってきた仕事を手放すことでもあった。

　コウノトリの野生復帰に向けては大きな前進だが、1965（昭和40）年から飼育コウノトリと苦楽を共にしてきた豊岡市としては、一抹の寂しさもあった。私に対して「トンビに油揚げをさらわれたようなもの」とする非難の声もあり「わかってます。だけど…」と、気分は晴れなかった。ただし飼育員の松島、船越両氏は、市から県へ派遣という形で、引き続いて飼育業務を遂行することとなった。

さらにコウノトリの郷公園が開設された半年後、2000（平成12）年4月には豊岡市立コウノトリ文化館が開設され、私が初代館長に就任した。共生社会を目指すことは「まちづくり」なのだから、観光地となることも重要事項だ。でも県教育委員会は「郷公園は文化財保護の教育施設であって、観光施設ではない」と頑なにそれを嫌った。その敷地を間借りしている市は、入場料も取れない。仕方なく任意方式の協力金（100円）箱を設置することとした。

コウノトリの郷公園に来られる人は何人くらいだろうか。県はここでも「観光地ではないのだから」と、見学者を野上の保護増殖センターでの実績を踏まえて、年間5万人程度と想定。市はその想定人数に応じた面積を駐車場にしたが、後の2005（平成17）年の放鳥以後、慌てて拡張する羽目となる。

朝、私が車で出勤すると、毎日のように白い車が停まっており、しばらくすると走り去ることがあった。事情を知っている人に聞くと、小学生の子どもが登校前に気持ちが落ち着かず、ここに来てコウノトリの姿を見て落ち着いてから登校するらしい。役に立っているのかと思うと、何だかいいことをしたような気分になった。

第7章

野生復帰は「転がる雪だるま」のように
——2000～2005年

第2回国際かいぎ開催、未来への覚悟を問われる

2000（平成12）年7月8～9日、「第2回　コウノトリ未来・国際かいぎ」が県と市の共同主催で開催された。野生復帰の進捗状況に応じて、節目ごとに開催するとの意向から始まった、国際かいぎ。今回は「コウノトリの郷公園」「コウノトリ文化館」が整備完了したタイミングだ。施設も人員体制も整ったことで、さあ、これから全面展開するぞというわけだ。

実行委員長は前回同様、山階鳥類研究所の黒田長久 所長、事務局も豊岡市教育委員会社会教育課、

開設されたばかりのコウノトリ文化館が事務所となった。

今回の国際かいぎは、基調提案に進士五十八 東京農業大学学長による「三つの共生―自然・環境・地域との共生―」、貝原俊民 兵庫県知事による特別講演「共生について考える」と、「環境・共生」をメインテーマに打ち出す形となった。

進士学長は分業・専門化社会からの脱皮を訴えられ、「部分効率を追求する時に、ほかのことはみんな切り捨ててきた」「専門家は全体のバランスへの気配りができず危険。だからこそ、市民的発想が大切」「百姓はたくさん（百）の姓（かばね）・能力を持つトータルマン」と喝破し、「生産だけの農村から、生活環境としての農村への転換」を主張された。本質を突かれる小気味良い内容だった。

貝原知事は、明治維新前後に来日した欧米人の感想をもとに、現代の日本人の生活を見つめ直し、明治以降の流れの中で失われてしまったコウノトリを「私たちは相当の決意を持ち、復元への取り組みを始めなければならない」と力強く述べられた。

初日の夜、市職員の佐藤昌夫さんたち若手グループが、参加者を歓迎するフランクな交流パーティを開いてくれた。その会場で、私は事例報告者の一人、トーマス・シャラー ハイデルベルグ市副市長にあいさつをそっとお願いした。突然の依頼に少し戸惑った表情ながら了承されると、誠実を絵に描いたような彼は、早速にあいさつの要点を紙にメモしだした。そして、次のように話されたのである。

「コウノトリ野生復帰は雪だるまに似ています。坂の上で雪だるまをつくると、ちいさな雪の球はひとりでに転がりだし、周囲の雪を巻き込んで大きくなりながら転がっていきます。野生復帰にはその施設をつくらねばなりません。そのために人を雇わねばなりません。野生に帰すには環境を良くしなければなりません。そのためには農業を変えなければなりません。そのためには消費者の意識も変わらねばなりません。そのためには子どもの教育も必要です。そのためには…

豊岡では人工飼育によってコウノトリの数を増やし、野生に帰すことを決意されました。そのための施設もつくられました。雪だるまは転がりだしています。次々と大きくなっていくでしょう。もう止まりません。お気の毒に！」

会場でこのあいさつを聞いて、私は笑ってしまった。が、翻すと怖い話だ。トーマスさんは私たち地元行政の覚悟を問うておられるのだ。途中で投げ出すなよ、と。このことばは後々まで、私の行動指針の一つともなっている。

コウノトリ議員がコウノトリ市長に！

2001（平成13）年7月、中貝宗治 県議会議員は敢然と市長選挙に打って出られ、見事に当選を果たされた。コウノトリ議員がコウノトリ市長になられたのだ。

新市長の政策表明時期として最適だったのは、翌2002（平成14）年度から10年間、新「総合計画（前期基本計画）」がスタートする年にあたったことだ。半年をかけて、豊岡の今後の道しるべを新市長の下で議論し、策定することができる。

「総合計画」とは、その地方自治体のすべての計画の基本となり、地域づくりの最上位に位置するもの。地域の将来像、なすべき施策や体制、プログラムなどが記される。おおむね10年間の地域づくりの指針を示す「基本構想」、これを受けた5年程度の行政計画を示す「基本計画」、3年程度の具体的施策を示す「実施計画」から成る。

2002（平成14）年4月に策定された「総合計画」は、まさに「コウノトリとの共生」をまちづくりの基本に置いたものだった。中貝市長はあいさつで次のように述べている。

「本計画は『コウノトリ悠然と舞い　笑顔あふれる　ふるさと・豊岡』をめざす都市像としていますが、この短い言葉の中に、私たちは様々な目標や願いを込めました。

コウノトリのような大型の鳥でも生きていけるような豊かな自然環境を創造すること、飛んでいる鳥を見て、『悠然と舞っているなあ』と感じられるような人々のおおらかな気持ちが豊岡で育まれていくこと。（中略）そのような地域を皆さんとともに創り上げたとき、『小さな世界都市』として輝くことができると信じています」

中貝さんは「Think globally, Act locally（世界的な視野で考え、足元から行動せよ）」を一部変えた「Think locally, Act locally」とよく言う。徹底的に地域にこだわって行動し続けると、それは地下水脈のように世界の様々な人々と繋がっていくのだと。

それと同様に「小さな世界都市」とは、ナンバーワンよりオンリーワン。ローカルで人口規模も小さく、有名な事象があるわけではないが、このまちだけが持つ個性がキラリと光る。それは世界に繋がり、世界の人々から尊重される都市のことだ。中貝市政がここに始まった。

まちづくりのための「総合計画」が始動

総合計画・まちづくりの基本方向の第1節には「コウノトリと共に生きる」ことが堂々と掲げられた。

- 第1節《コウノトリが生きていける環境づくり》コウノトリが野生で生息できる環境づくりとコウノトリを暮らしの中に受け入れる豊かな文化の創造

・第2節《人と自然が共生するまちづくり》コウノトリ野生復帰をシンボルとして社会経済活動と自然環境の調和へ。国土保全、有機農業、自然再生など
・第3節《循環型のまちづくり》前年に策定された環境基本計画の推進へ
・第4節《環境にやさしい人づくり》環境教育・学習の推進

である。

基本計画では野生復帰の推進が掲げられ、「保護増殖の支援」「餌場などの生息地の整備」「コウノトリが舞い降りる郷《さと》づくり」の3つが体系づけられた。コウノトリの郷公園周辺地域を「環境創造モデルエリア」と設定し、ここを核にして取り組みを進め、市域全体にひろげていこうと。これは1年後に、「地域まるごと博物館構想（169ページ参照）」として具体化されていく。コウノトリ文化館の充実や環境行動計画の策定が掲げられた。

同時に、基本計画を推進する体制づくりも行われた。新しい総合計画が始動する4月1日に、コウノトリ施策を企画・調整・遂行する課として「コウノトリ共生推進課（後にコウノトリ共生課と改称）」が発足。私が初代の課長に就任した。振り返れば、1990（平成2）年にコウノトリ行政に携わって以来、私はいつも初代。そういう役回りなのだろう。

現場で守るべきは「種」ではなく「個体」

コウノトリは特別天然記念物に指定された文化財なので、施策を実行する流れとしては、国・文化庁―県・教育委員会―市・教育委員会という系列で行われる。ただし行政上の保護対象はコウノトリという「種」だが、現場ではそれぞれの「個体」だ。

かつてまだ野生コウノトリがいた時代、「コウノトリを守りましょう」と呼びかけたときは、不足する餌の確保のために「ドジョウ1匹運動」で給餌し、人工巣塔を設置してきた。だがこのとき、なぜ餌が不足するのか、そもそもなぜ絶滅の危機に陥ったのか、社会全体の問題として捉えるべきだったと思う。だが現場では、個体の保護と地域社会とのかかわりを切り離して対応してきた。関連していることはわかっていても、対処の術がなかったのだろう。

私はコウノトリ文化館の開設前後から「種を守るには生息地の再生が必要。再生＝まちづくりだから、コウノトリの所管課を教育委員会から市長部局に移すべき」と主張していた。それがやっと中貝市政の誕生で日の目を見たのだった。

スタッフは事務部局が課長以下5名、コウノトリ文化館と県に派遣された飼育員で構成し、そこにコウノトリ文化館の屋根の丸瓦をデザインしてくれた、宮垣均さんも加わった。

人とコウノトリが共生できる計画づくり

同じ2002（平成14）年4月1日付で、兵庫県但馬県民局内でも「コウノトリ翔る地域づくり担当」が設けられた。2名＋臨時職員の体制で、地域振興部内に設置された「コウノトリプロジェクト」の事務局として、推進役と調整力を発揮されることとなった。担当参事の大西信行さんとは年齢が同じでもあり、しょっちゅう連絡し合いコンビで取り組んだが、彼の意欲と辣腕が多くのことを力強く機能させていったように思う。

こうして河川担当部局や農林事務所、土地改良事務所、農業改良普及センターなどが協力し、チームの誰もがコウノトリが生息できるよう、新しい施策をつくっていくことに燃えていた。

振り返ると、2002（平成14）～2003（平成15）年は、今日のコウノトリ野生復帰、環境施策の考え方の大本である基本構想・計画が何本もつくられ、実行に移されていった年だった。それらの根幹にはすべて「共生」が据えられている。これまでのように「自然保護」か「開発（経済）優先」かではない。両者が共生できる道を探ることへ。

この発想は一般論ではなく、豊岡の歴史に基づいている。もともと低湿な豊岡盆地では、コウノトリをはじめとする多くの生きものにとっては棲みやすく、しかし人間にとっては苦労の連続の土地だった。ゆえに人間の都合で開発すると、今度は生きものが棲めなくなった。その現状を越えようやく、飼育下でコウノトリの数を増やしたのだから、これからは共に暮らせる社会にしよう、というストーリーだ。

以下、当時策定された「コウノトリ野生復帰計画」「コウノトリ翔ける地域まるごと博物館構想・計画」「豊岡市環境基本計画」「豊岡市環境行動計画」を順次紹介する。

◆コウノトリ野生復帰計画（2002年6月審議開始、2003年3月策定）

飼育下のコウノトリを野生復帰させる計画づくりである。策定主体は、国（国土交通省）、県（但馬県民局各部署〈コウノトリの郷公園含む〉）、市町（旧豊岡市、旧城崎町、旧日高町）による「コウノトリ野生復帰推進協議会」。事務局は県民局のコウノトリ翔ける地域づくり担当が精力的に担った。「住民と一緒に」というほどには態勢が整わず、まずは各行政主体の認識の共有化を図るものとなった。2003（平成15）年3月に計画が策定され、コウノトリ野生復帰に関しての最初の行政計画となった。

◆コウノトリ翔ける地域まるごと博物館構想・計画（２００３年３月策定）

コウノトリ野生復帰計画と同時に策定された。「地域づくり」とは言うまでもなく、行政・住民の協働なので、策定委員会には地元住民、農業団体、地域活動グループから9名が参画した。

委員長は、里山での活動や生物に詳しい森山弘 東京農業大学客員教授に就任いただき、事務局は県民局のコウノトリ翔ける地域づくり担当と、私たち豊岡市のコウノトリ共生推進課が担った。

基本的な考え方は、人とコウノトリが共生する地域づくりの第一歩を、コウノトリの郷公園の周辺地域（約826ヘクタール）で総合的に展開しようとするもの。前年に豊岡市が総合計画で設定した「環境創造モデルエリア」を踏まえている。豊かな自然と循環・共生の暮らしによって、野生コウノトリが生息していたかつての環境を取り戻すこと。根底には、地域全体を博物館ととらえるエコミュージアムの考えに基づいている。翌２００４（平成16）年、地元住民主体の「ふるさと三江を愛する会」（中西優子 代表）が発足し、今日も様々に活動している。

◆豊岡市環境基本計画（２００２年３月策定、条例化）

環境分野における基本計画で、ここでも核となるのはコウノトリとなった。特筆すべきは「コウノトリと共に生きるまちづくりのための環境基本条例」と名称された条例に、前文が設けられ、日本国憲法さながらに豊岡市の環境を考える根本精神が述べられていることだ。

基本計画では、循環を基調とすること、子どもや孫、将来の世代へ引き継ぐこと、「ちょっとでも○○しよう」(森薫委員の案)を合言葉にすることを基本理念に掲げ、2004(平成16)年からの9つの基本目標(コウノトリの野生復帰、自然環境の保全と創造、清らかな水環境の創造、環境意識の醸成など)が設定された。さらにこの目標ごとに施策の柱が建てられている。

この計画のユニークなところは、みんなで一緒に取り組めるもの、豊岡らしさを実感できるものを「15の元気が出るメニュー」として掲げたことだった。

◆豊岡市環境行動計画(2003年3月策定)

環境基本計画の策定・条例制定後の施策の実施は、コウノトリ共生推進課が引き継いだ。

行動計画策定委員会は15名で構成し、委員長は市民グループ「土の詩の会」の高石留美さん、副委員長は市内で自営業を営む渡辺竜太郎さんが就任。ほとんどが一般市民で、2名は公募、女性が8名を占めた。2003(平成15)年3月に策定した行動計画は、事務局の新田佳代さんが委員の意見をうまく汲み取り、わかりやすい文章でまとめてくれた。

行動計画では、思い切って環境基本計画にある「15の元気が出るメニュー」に絞って展開することにした。すべてのメニューに、まず10年後の姿を明示し、そのために何をしていくかを逆算で列記する方法をとった。メニューは以下のようなものだった。

- **コウノトリ感謝祭**：2003（平成15）年度より、市民による実行委員会（大井小枝子 委員長）が発足して開催された。中心的な役割を渡辺龍太郎さん、田中基文さんなどの若手が担ったことが特筆すべきことだった。とくに2004（平成16）年は祭りの特別編として、台風23号による豊岡の激震災害地域でわらび座による音楽会を開催した。和太鼓の響きが現地の子どもたちに大きな勇気を与えてくれたようだ。
- **豊岡の自然環境100選**：翌年頃から円山川下流域のすべてを銃猟禁止区域とし、生物多様性のある水田づくりの支援制度などが実行された。農と自然の研究所の宇根豊さん（第8章で後述）が提唱する「害虫、益虫、ただの虫」も取り入れ「水田の生態を学び、稲作に活用」した。
- **市民講座・市民環境大学**：毎回講師を招いたなかでは特に、哲学者の内山節さんが「豊岡は考えさせられるまち」で売ったらどうか、と言われたのが印象に残っている。
- **小学校区ごとに「春の小川」の設置を検討**
- **まちコリドー作戦**：市街地で生きるホタルやツバメの調査などを行った。調べると、どちらも元気に生き抜いていた。市街地の山・川・水路・公園・杜を緑でつなぐ試み。

・**地産地消の推進**：コウノトリブランドの確立に向けた安全安心認証制度を提唱。2003（平成15）年、「コウノトリの舞」として商標登録された。
・**市民〝夢〟農園**：コウノトリの郷公園の地元、祥雲寺地区内で開設（畷悦喜さんが代表）、初めて農作業される市街地の方たちの楽しい場となった。

こうした実践を積み重ねながら、2005（平成17）年には河川部門の「円山川水系自然再生計画」（国土交通省と兵庫県との共同）、同じ年の「豊岡市環境経済戦略」、2012（平成24）年の「豊岡市いのちの共感に満ちたまちづくり条例」、2013（平成25）年の「豊岡市生物多様性地域戦略」へと各分野に広がっていった。

またこれらの行政計画とは別に、おおらか・ゆるやかで幅広い人々によるコウノトリ野生復帰の応援団もいるのでは？　と、2004（平成16）年コウノトリファンクラブ（事務局・兵庫県但馬県民局コウノトリ翔る地域づくり担当）が発足。日本野鳥の会会長であり俳優の柳生博さんが会長に就任された（2023〈令和5〉年3月解散）。

2005年9月24日、ついにコウノトリ放鳥

2001（平成13）年の秋だったか、兵庫県民局の定例記者会見の席上で「コウノトリの郷公園からの放鳥時期は、飼育個体が100羽になったら」との発言があった。私は「ついに公式発言が出た」と色めき立ったが、新聞には1紙だけ小さく載った以外はどこも載らなかった。親しい記者にその理由を尋ねると「半信半疑だから」とのこと。でも、公式発言には間違いない。私は重く捉えて、以後、意図的に発言するようにした。2002（平成14）年春に飼育下のコウノトリが100羽を超えたことで、コウノトリの野生化訓練と里での受け入れ準備が進んでいった。特に受け入れ態勢については万全というには程遠いけれど、「環境整備をやりながら放鳥を進める」しかなかった。

ついに放鳥の日程が2005（平成17）年9月24日と決まった。問題は、放鳥をそっと実施するか、イベントとして派手に行うかだ。これまで生身のコウノトリに接してきた者としては、徐々に環境に慣らしながら里に再導入すべきではないか、そっとモニタリングしながらなし崩し的に行うのがいいのでは、と思っていた。

コウノトリの郷公園の研究部部長、池田さんは「イベントとしてやるべきだよ。なぜなら野生復

帰は社会事業だから」と一貫して「派手派」。私は「そうなんだけど、そうかなぁ…」とモヤモヤしていた。だが行政関係者、周囲も「そっと派」は皆無。放鳥日の午前中には「第3回　コウノトリ未来・国際かいぎ」を開催することも決まり、その準備に追われるうちにモヤモヤ感は薄れていった。

国際かいぎは盛大に開催されるのが通例で、第3回も秋篠宮ご夫妻のご臨席をはじめ、文化庁長官や兵庫県知事などが出席されることに。海外からは第1回かいぎでお世話になったウラジーミル・アンドロノフさん、コーエン・ブローワーさん、キャサリン・キングさん、マイケル・ウォーレスさん、そして韓国でコウノトリ野生復帰に取り組むパク・シリョン（韓国教員大学）さんなどが顔をそろえた。国際かいぎが終わると、そのまま放鳥式会場へ向かうこととなった。

コウノトリが放鳥されるとき、私たちコウノトリ共生推進課の職員は国際かいぎの後片付けがあり、放鳥現場にはリアルタイムでは行けなかった。現場に行けない市民のために、県民局がじばさんセンターでライブ映像を放映していたので、作業の合間に見に行ってみると、なんとフロアが人であふれているではないか。熱気が充満し、放鳥の瞬間には歓声があがる。

「街中がすごいことになっている！」ともう、びっくりしてしまった。

画面から見える現場の様子は、コウノトリの郷公園の通路、駐車場、市道・農道までもが、人、人、人でまさにあふれんばかり。公式発表の約3500人をはるかに上回る人々が参加されていたよう

2005（平成 17）年 9 月 24 日、最初の放鳥式のようすと、集まったたくさんの人々（提供：豊岡市）

に見えた。

仕事を終えて夕方にコウノトリの郷公園に行ってみた。とっくに放鳥式は終わっていたが、バスに乗れない大勢の人がまだ国道に延々と続いており、帰路を歩いていた。私のこれまでの感覚では、市民がこれほどにコウノトリに関心があり、放鳥を待ち望んでいたことは、想像していなかった。やはり、イベントにしたことは正解だったか。それにしてもこんなにも急に、人々の意識が高まるものだろうか。

この市民の有様を「発酵熱」にたとえた声を聞いたことがある。ふだんは「人とコウノトリの共生」への思いはありながらも、長い時間をかけてふつふつと発酵していき、何かの現象（今回は放鳥イベント）を機に、蓄積された熱が一気に爆発したのだと。

肝心の、その日に放鳥された5羽のコウノトリたちは、当初危惧されたような「いきなり豊岡市外へ飛び去る」事態には至らず、遠くとも数キロメートル移動しただけで無事に市内に留まった。モニタリングは、コウノトリの郷公園のボランティアグループ「コウノトリパークボランティア」の面々が担われた。

第8章

「コウノトリ育む農法」ことはじめ
―1992〜2003年

計画は進んだ、だがコウノトリは定着できるのか？

「人とコウノトリの共生」を目指した計画が進む中で、市職員の私は常に気にかかることがあった。「放鳥されたコウノトリは、果たして豊岡市内に定着してくれるのか」ということだ。

市内で生息していた野生の個体群が絶滅したのは1971（昭和46）年。同じ場所でコウノトリが暮らすには、IUCN（国際自然保護連合）のガイドラインにもあるとおり、絶滅させた要因を除去しておかねばならない。

では、絶滅から40年が経過して豊岡の環境は生息可能になっていたか。答えは否。それどころか餌場となる田んぼは、2000（平成12）年時点で1960（昭和35）年に比し72％に減じている。しかもほとんどの地域で圃場整備が実施され、排水路と段差が設けられたことで水系が分断され、農薬や化学肥料も大量に散布されている。

これだけを見ても、たとえ野外に放鳥し続けたとしても餌不足の豊岡の環境を嫌がり、コウノトリはほかの地へ飛んで行ってしまうのではないか。そうなると大恥だ。先人たちのこれまでの苦労を台なしにしてしまう。

だがこれまで、ほとんどの農家から「コウノトリは害鳥」と目の敵にされ、しかも「農薬も使えないような〝窮屈な農業〟はやりたくない」と言われていたので、短期間での農業の変革はほとんど不可能と思っていた。実際には、農家の力を借りてコウノトリの取り組みが大きく飛躍することになるのだが。この章では、農業の側からコウノトリへの意識の変化を見てみよう。

コウノトリは農家の嫌われ者

コウノトリが、いかにどの地区の農家からも嫌がられているかを痛感させられたのは、1993（平成5）年にコウノトリの郷公園の用地買収のため、対象地区に入りだしてからだった。どこでもコウノトリの話になると「稲を踏まれた」「追い払うのが大変だった」との話になる。このままではコウノトリの郷公園は迷惑施設になりかねない、と焦りだした。

ある時は、県が作成した田んぼづくりのイメージイラストに、田んぼにコウノトリが描かれているというだけでお叱りを受けることもあった。そんな状態の中では、野生復帰の話を正面からはできないし、「農薬やめましょう」などとは口に出せるような状況ではなかった。

なぜコウノトリが、こんなに嫌われるようになったのか。出石町（現豊岡市）片間地区の長老、吉谷富造さんの言葉はヒントの一つかもしれない。

「コウノトリがこの出石におった頃（主に戦前まで）は、そんなにひどく言わなかった。田植えの後に入ってきたときは大きな声で追い出したが、普段は別に何ともなく、むしろ可愛いとも思った。戦後、コウノトリが豊岡に移りだしてから、ちょうど時期も悪かった。『これからはDDTという薬一発で害虫が死ぬようになる』と教えられ、みんな楽してお金儲けする話ばかりになって、一斉に農薬をまくようになった。次々に便利な機械が入るようになり、やがて1反（10アール）で10俵収穫するのが目標になった。稲を踏んで邪魔するコウノトリは、出石の頃より憎らしさが増したんだろう。豊岡は商業のまちだから特に」

国土の狭い日本では、田んぼが湿地の役目を果たす。ゆえにコウノトリをはじめとする水鳥の餌場として田んぼが欠かせない、というのが日本でのコウノトリ野生復帰の大原則である。ならば今後、農家がコウノトリを害鳥から益鳥へと認めていくことなんてあるのだろうか。

そもそも農薬や化学肥料に頼らない農業を望む農家が、豊岡にどれほどおられるのか。私には、県事業の環境創造型の試験圃に参画されている数軒の農家しか見当たらなかった。

でも農家の本音は？　境良三さんの思い

コウノトリの郷公園の用地買収事業もほとんどが終了した頃、1997（平成9）年だったと思う。地権者の一人、境良三さんから電話があった。家に来てほしいと言われる。登記手続きか税金関係の質問かとお宅に伺うと、奥から1冊の雑誌を持って来た。

境さんは「まあ、これを読んでくれ」とページをめくられる。そこには、岩澤信夫さんの循環型稲作農法である「冬期湛水不耕起栽培」のことが載っていた。これは農薬や化学肥料を使わない農法でもある。

「ここには、メダカが泳ぎ、ホタルが舞っていると書いてある。アンタがコウノトリのことで言っているのは、こういうことなんだろう？　ワシも本当はこういう農業をやってみたい。しかし、ワシだけがやってもみんなは変わり者だと馬鹿にするだろう。だから、今度できる郷公園の中で（試験的に）やってもらうのがいいと思う。成功したら役所がそれを農家に広めたらいい」

後日、境さんの提案を県に伝えたが、県有地内での農業は法的にも難しく（イベントなどでの使用以外は、基本的に収穫不可）、結局実現しなかった。だが、この言葉に私は、涙が出るほど感動した。境さんは村の役員でもないし、中核的な農家でもない。前に触れたように、田んぼや畑で作物をつくられている普通の農家のおじさんだ。その人が、今やっている多収穫で効率を求める農業が、本当はイヤなんだと言われる。風や水を読み、土を肥やして田んぼを耕し、生きものと一緒に過ごす農業がしたいとおっしゃる。そして、今は口に出されないが、境さんと同じ考えの農家がきっとたくさんおられるのに違いない。そう思うと、コウノトリ野生復帰の成功への光が初めて見えてきた感じがした。

1998（平成10）年11月、コウノトリの郷公園の用地となった祥雲寺地区では、「農業経営に関するアンケート」が実施された。その後4年に及ぶ研究、30回を超す定例会を重ね、2000（平成12）年9月に14項目の提案を含む「祥雲寺郷づくり報告書」としてまとめられ、全区民に渡された（図8-1）。報告書は、研究会事務局長の境敏治さんが核となって作成されたもので、全20ペー

農地集約化
「コウノトリの郷公園と一体的な地区づくりを展開する上で、またコウノトリにやさしい環境を提供するために、更には米価の安定供給を図るためにも、有機農業への取り組みは当地域にとって最大のテーマ」と位置付けた。アンケートでは、多くの戸主が農地集約化を望まれている状況から、「農地の集約化を図ると同時に有機農業への転換を進める」と提案、実践に。豊岡農業改良普及センターや稲葉光國さんの指導を得ながら、名実ともに「コウノトリ育む農法」の出発点となる。
景観協定
アンケートで集落・田園風景を区民が魅力に思っていることがわかったので、「こうのとりの郷としてふさわしい環境」が保全されるよう、申し合わせがなされている。たとえば和風建築を基本に奇抜な色は使用しないことなどの内容は、現在も機能している。コウノトリの郷公園前の田んぼは、この協定によって農地転用が自粛されている。

図 8-1 「祥雲寺郷づくり報告書」に掲げられた提案の例

ジに及ぶ。

2002（平成14）年には地区全戸加入で「コウノトリの郷営農組合」が発足、2015（平成27）年に農事組合法人に。当初段階での中心人物3名はいずれも、定年帰農組だ。最初から自然型農業を主張されていた稲葉哲郎さんは区長へ、畷悦喜さんは営農組合長へ、上田明男さんは農産物直売場の責任者に就任され、それぞれ尽力された。

コウノトリの郷公園用地に大きな地区有林を持っていた河谷地区でも、かねてからあった「村づくり委員会」によって白熱した議論が展開された。河谷地区は市内最大の田園地帯「六方田んぼ」の中にあるので、やはり農業の在り方が中核となった。結果、①地元農産物で週1回の朝市を始める、②区民が田んぼを手放す場合は地区が買い取ることをルール化することになった。これらが積み上げられて、今日の「農事組合法人河谷営農組合」に至っている。

野生復帰の核心を見抜いた宇根豊さん

1994（平成6）年に開催した第1回コウノトリ未来・国際かいぎ（第5章参照）の感想を、福岡県の農業改良普及員で減農薬運動を推進されていた宇根豊さんにも書いてもらったことがある。タイトルは「なぜ、コウノトリは農業を救うのか？」（『FLY TO THE WILD』所収、豊岡市教育委員会発行、1996年）。

この時点で、コウノトリ野生復帰の核心部分とは「日本の農の文化を再生すること」とする慧眼に感服した。宇根さんは、田んぼがあるから安定して暮らせる生きものたちを「農業生物」と呼ばれる。そして「農業が未来に残すべきものは、カネで買えない世界」、だから「コウノトリの復活に向けて、カネをつぎ込む意味がここにある」と述べられる。以下、抜粋してみよう。

農業はカネにならない世界を、後生大事に抱え込んできた。守り育ててきた。でも、もうそれも限界だ。農業を人間の仕事として、人生をかける人がいないのだ。もう、この国の農業には、未来はないのだろうか。最後に残された一つの可能性がある。カネにならないものを、社会的に評価することだ。田んぼは米の生産工場ではない。そこではコウノトリや雁が育ち、メダカやドジョウが産卵し、カエルやゲンゴロウが成長する。

豊岡のコウノトリは、農業の本来のありかたを教えてくれる。（中略）「農業生物」の代表コウノトリを、あたかも自然物のように思わせてしまうのは、農の文化の最たるものだろう。

コウノトリもメダカも赤トンボも育てることのできない田んぼにしてしまったことを、いかに生産至上の農業政策のツケとはいえ、百姓も反省せねばならない。

これはいわゆる「デカップリング」の提唱だ。「たくさん生産しなければ所得が伴わない（カップリングしている）」というこれまでの常識から切り離し（デカップリングし）て、生産性が上がらなくても環境を豊かにすることにカネ（税金）を支払い、農家の所得を補償するべき、という政策論だ。私も当然のことながら大いに感化された。

後年、休耕田（転作田）を活用したビオトープ田や、常時湛水・中干し延期稲作への助成策を行うことになるが、それはデカップリングの豊岡版を意識して創設したものだ。

豊岡で「環境創造型農業」への転換が広がる

1992（平成4）年、兵庫県は「環境創造型農業」（「保全」ではない）の試験圃を豊岡市内で実践することになり、コウノトリの郷公園予定地周辺を試験圃とした。実は市役所の農政課から候補地の相談があった際に、「近いうちに郷公園の計画が正式に決まると思うので、ぜひこの地域でやってほしい」とお願いしていたのだ。

兵庫県による「環境創造型農業」試験圃は、農薬や化学肥料に頼らず、環境に配慮して安全安心な農産物を収穫する農業技術を実証する取り組みのことだ。コウノトリ野生復帰を目指すコウノトリの郷公園の周辺地域でそのチャレンジに取り掛かることは、大きな意味がある。

そこで行われたことは、おもに2つあった。

◆生きものを育む「田んぼの団地化」

1992（平成4）年の環境創造型農業試験圃の開始で、祥雲寺地区を含む小学校区の三江地区は「有機の里」と名づけられ、保田茂 神戸大学農学部教授の指導のもと、無農薬、減農薬のいくつかのパターンで米づくりが試行され、畑ではモロヘイヤなどが有機栽培で試されていた。

この成果を基にさらに取り組まれたのが「田んぼの団地化」だった。場所はコウノトリの郷公園の前にある祥雲寺地区の田んぼで、区民アンケートで要望が高かったものだ。それまで、先進農家が行う無農薬田・減農薬田は、いくつかに分散されていた。これを機械での耕耘が効率良くできるようにし、上流から農薬を含んだ水が流れ込まないようにするために、集めて団地化するのだ。

農家をまとめていたのは、兵庫県但馬県民局豊岡農業改良普及センターの松田喜彦さんだった。初めてのことで苦労も多かったろう。2000（平成12）年頃、よくコウノトリ文化館で夜、地元農家と会合されていたことを思い出す。

◆雑草を生やさせない「アイガモ農法」

実は田んぼの団地化より以前から始まっていたのは、「アイガモ農法」である。アイガモ農法とは、殺虫剤や除草剤を散布する代わりに、アイガモ（アヒルとマガモの交雑交配種）を田んぼに放し、害虫や雑草を食べさせる無農薬農業のことだ。

1995（平成7）年春、環境創造型農業として除草剤を使わない試験圃に取り組まれていた庄境地区の前田喜代雅さんは、田んぼの雑草対策として紙マルチを試みていた。紙マルチ農法とは、耕転（代掻き）後の田面に雑草を発芽させないための専用の紙を敷き、その上から苗を突き刺すようにして田植えをするものだ。

紙を敷きながら田植えをするので、専用の田植え機が要る。ところが、トラブルでその田植え機が予定日に入ってこなくなってしまった。せっかく無農薬で栽培する準備をしていたのだからと、代替えとしてアイガモを投入することになったのだ。アイガモは、発芽する雑草を食べてくれるだけでなく、常に水中を脚でかき回すことで水が濁り、光合成ができなくなるので雑草が発芽しないという、優れた農法だ。この年、前田さんに共鳴した沖村三義さんとの間で、合計30アールのアイガモ農法の田んぼがスタートした。

行政－ＪＡ－農家の連携が始まる

2年後の1997（平成9）年には参入者が7人となり、なんと「豊岡あいがも稲作研究会」が発足。初代会長には私の村の石田敏明さんが就任された。

豊岡のアイガモ農法は、そのスタート時から大きな特徴が2つあった。1つは支援体制である。普及センターの指導のほか、初の無農薬農業へ、豊岡市農政課が強力にバックアップした。職員の松田達雄さんの熱心な関わりだけでなく、制度としても支援した。

無農薬での稲作は2割ほど減収すると言われていたので、その補填策として、当時38%もあった農家の減反率を2割減じる措置が取られた。さらに、豊岡市農業協同組合（現JAたじま）三江支店が最初から農家の世話をし、研究会の事務局を担ってくれた。

ここだけ見れば、無農薬での稲作を、農薬を販売するJAが支援することを、不思議に感じる方もいるかもしれない。その疑問に、初代JA職員の清水政幸さんはこう述べた。「ともかく農家が熱心だったので、指導員が世話をするのは当たり前」。上層部の意向がどうであろうが、現場では真摯に農家に寄り添うだけと、さらりと言われた。

1998（平成10）年になると、第8回全国合鴨フォーラム岡山大会に参加するほどの規模になり、私もバスに同乗させてもらった。

この大会会場では、2代目JA職員の小山有俊さんが豊岡の取り組みを報告されたが、ついにと言うか、会場から質問が出た。

「農薬を売って商売しているJAが、なぜ無農薬農業の事務局をしているのか」

会場にいた私はハラハラして見守った。小山さんはひるまず堂々とされている。そして大きな声で「JAはバカではありません。これからの時代、どのような農業が必要なのかわかっています」

と返したのだ。いやぁ、格好いい。小山さんが輝いて見えた。

当時はまだJAの中で有機栽培の流れは主流ではない。「市長がコウノトリ、コウノトリと言っているので付き合い程度」との感覚だったと思う。では肝心の収穫したコメの売れ行きはどうか。アイガモ米は高価なためにあまり売れず、カモ自体の解体処理・販売も要ることなどもあって、次第に（仕方なく？）「JAが組織的に関わらねば」との流れになっていったようだ。ともかく、事務局を担った歴代の担当者の頑張りが、行政―JA―農家の連携システムの礎を築き上げ、今日の「コウノトリ育む農法」の姿につながった。

アイガモ農法で田んぼへの〝まなざし〟が変わった

もう一つの特徴は、人々の田んぼへのまなざしの変化である。アイガモ農法を始めた前田さんのところにアイガモが届いた日、私もその場にいた。前田さんは私に向かって「アイガモでやるのは環境に良い米づくりのためで、コウノトリのためじゃないで。もし、コウノトリが田んぼに降りてきたら追い出すで」と鼻息が荒かった。私は苦笑するほかなかった。

ところがその2年後、豊岡あいがも稲作研究会の立ち上げに向けた集まりの席上で、前田さんは心配そうにこう言われた。「佐竹さん、本当にワシの田んぼにコウノトリが降りてくれるかなあ」。ん？　何それ。わずか2年足らずで180度変わるって、前田さんに何があったのだろう。

前田さんの田んぼは三江小学校の近くなので、子どもたちが環境教育でよく訪れていた。そこでは子どもたちの質問に笑顔で答える前田さんの姿があった。新聞やテレビの取材にも応じられていた。

子どもの質問「（飼育小屋の前は）たくさんのカモが稲を倒してるよ」。

前田さん「あれくらいは仕方ないよ。大丈夫」。

世話をしているアイガモへの愛情、子どもたちに教える楽しさ、研究会の仲間との語らい、マスコミへの対応…どの場面でも、前田さんのおおらかな、自信に満ちた顔があった。そこへ将来、コウノトリが降りて来ればさらに弾みがつく。「あのコウノトリまでワシの田んぼを喜んでいる」と。

田んぼにアイガモが入ったことの変化は、村の女性たちにも表れた。主婦の一人から苦情あり。「アイガモが田んぼで泳いでいるので、私らに困ることが起きた。家の前でガアガア言うので何度も田んぼに見に行ってしまう。見に行くと可愛いのでつい時間が長くなる。見に来た人とおしゃべりする。おかげで内職がはかどらない。ハハハ」

地域の人々が、田んぼを単に米の生産場所から、生きものも暮らす場へと、認識を広げた瞬間だった。会長の石田さんは、アイガモを田んぼに放すとき、子どもたちにその意味を教え、子どもたちの手で放させているという。そのおかげか、アイガモ農法を始めて28年経った今日まで、子どもたちによるカモへの悪さは聞いたことがない。

コウノトリの餌場となる田んぼビオトープを！

「コウノトリの餌場がなければ、たとえ野生復帰のために放鳥しても、豊岡に留まらず遠くに飛び立ってしまうのではないか」。そんな不安が、野生復帰の試みを始めてからいつも私の頭にあった。そこで2001（平成13）年に、まずコウノトリの郷公園の前で「休耕田のビオトープ化」を始めた。数枚の田んぼ（約1ヘクタール）を常時湛水して生きものの生息状況を確認する。

最初の思いつきは、ほんのちょっとしたことだった。コウノトリ文化館の敷地で、アスファルトの窪みでできた小さな水たまりに、アカガエルの卵塊があるのを見つけた。産卵できる水辺を探したが見つからず、目の前にあった水たまりに産み落としたのだろう。だけどそんな所では、数日晴れの日が続けば干上がってしまう。仕方なくバケツですくって、文化館奥の湛水した元田んぼに移してやった。

この経験から、2月から3月上旬の冬場でも、田んぼが湛水されていればカエルは悠々と産卵できるはず、と休耕田のビオトープ化を始めたのだ。最初はコウノトリ文化館の前の数枚の田んぼを借りて常時湛水にするだけだったが、初めての試みでもあったので、行政ではなく市民グループ「コウノトリ市民研究所」主体で、サントリー愛鳥基金から助成を受けて行った。サントリー愛鳥基金事務局が現場の下見に来られた際、同行していたのが日本鳥類保護連盟の箕輪多津男さん。彼との付き合いは、それ以来ずっと続いている。

2002（平成14）年からは豊岡市による助成となり、2003（平成15）年度からは全市域を対象とした県の補助事業として、「コウノトリと共生する水田自然再生事業（事業主体の豊岡市に費用の1／2を助成）」となった。豊岡市が農家に生きものが生息できる環境ができるように委託する形になり、祥雲寺地区のほか福田、河谷地区も加わって、休耕田を活用したビオトープ田はその後も少しずつ広がっていく。ただしこうした取り組みによる面積はたかが知れている。また休耕田ではなく、現役の田んぼで餌生物が住めるようにしていかないと、結局は生息地にはならないだろう。

ここで立役者となったのは、農林事務所の担当者の稲葉一明さんだ。コウノトリ市民研究所の会員でもあった彼は田んぼの生物に造詣が深く、転作田でのビオトープで行っていた常時湛水を稲作に適用することを考えていた。兵庫県のデカップリング政策は、彼の発案から始まったと言ってよい。

2003（平成15）年度からの補助制度は、「転作田ビオトープ型」と「常時湛水・中干し延期稲作型」とで構成され、どちらも同一用排水系で1ヘクタール以上の団地を確保すること、3年以上継続することが条件とされた。

ビオトープ型は無農薬・常時湛水で管理すること、稲作型は減農薬、中干し延期、冬期湛水を基本とした管理を行うことで、餌場として活用できる田んぼをつくることが基本だった。これによる農家への支給額は、転作田が10アール当たり5万4000円、稲作型が4万円で、とくに稲作型は先に説明したデカップリング、これまで「金にならないもの」として無視されていた生きものや景観などに、農家が目を向ける動機づけにする政策の地域版である。

地元の祥雲寺地区の冨岡芳数さんも、制度創設に一役買っている。同級生の彼は、私たちが湛水したビオトープ田でカエルを調べている様子を見て、「じゃあ俺もするか。オタマジャクシがカエルに変態するまで、中干しを少し遅らせたわ」と言ってきたのである。この声も「中干し延期農法」につながった。

県の補助制度は初期の動機づけの役割が大きかったので5年間で終了し、2008（平成20）年からは市の単独事業となった。稲作型は生きもの共生農業の進展に伴って補助額は10アール当たり7000円になり、2011（平成23）年度から冬期湛水が国の直接支払制度全国版となることを受けて2010（平成22）年度で終了した。一方の転作田ビオトープはコウノトリの餌場と直結するため、額は変更するも2012（平成24）年以降は2万4000円＋生きもの調査1回4000円で継続され今日に至っている。

実は、私の田んぼも今は耕作していないので、補助制度ができる前から周辺の田と一緒にビオトープにしている。現在「ククイ湿地」として宮村良雄さんが熱心に管理されている。

民間稲作研究所の稲葉光國さんの薫陶を受ける

2001（平成13）年10月、コウノトリ文化館の自主事業として「コウノトリと農業を語るつどい」を開催した。コウノトリと農業との深い関わりをアプローチするには、まだ機は熟していないと思っていた時期。大きな視点で勉強できないかと考え、講師をお招きすることにした。一人は日本ガンを保護する会の呉地正行さん。東北でガンの越冬用に、岩渕成紀さんとともに冬期の田んぼに水を張る「ふゆみずたんぼ」を提唱されていた。もう一人は先述した農と自然の研究所の宇根豊さん。この年から休耕田を活用したビオトープを始めたばかりだったし、田んぼでの採餌がコウノトリの野生復帰に重要であることが意識され出したときだったので、お二人の話はとても意義深いものだった。

講演後の質疑応答で、会場から熱心に発言される方がおられた。何度も質問され、お話も長かったものだから、進行役の私は少しイラっとしていた（と思う）。ところが発言を聞いているうち、その内容にぐんぐん引き込まれだした。発言の趣旨をざっくりと言えば、有機米をいかにして省力化して10アール当たり8俵（480キログラム）収穫するというもの。

その知見と農業技術は斬新で、かつ科学的、実践的でわかりやすかった。無農薬栽培と言えば、雑草対策に追われて10アール当たり3俵（180キログラム）しか収穫できなかったという声も聞いていたので、草の発芽を抑える技術はまさに目からウロコの連続だった。

つどいの終了後、玄関の外で喫煙しながら（当時お互いヘビースモーカーだった）、「ところであなたは一体どなたですか？」と名刺交換した。これが、民間稲作研究所の稲葉光國さんとの最初の出会いだった。その場で「豊岡の農家向けに勉強会をしてほしい」とお願いしたのだった。

2002（平成14）年、最初の勉強会を行うにあたって、どこの農家に呼びかければいいのか。来てもらえそうな、つまりは豊岡で有機栽培に関心があるだろうと思える農家を、何人か頭に描いてみた。

コウノトリの郷公園の地元、祥雲寺地区では、中心メンバーの稲葉哲郎さん、畷悦喜さん、上田明男さん。みんな公務員を定年退職された帰農組で、農業の将来を心配されている。稲葉さんは、コウノトリの郷公園計画の話が出た最初から農薬を使わない自然な農業を訴えられていたし、畷さんは田んぼづくりに熱心で、後に「コウノトリ育む農法」立ち上げ期のリーダー（生産部会長）になられた。上田さんは野菜づくりを重点にされ、農産物直売所の立ち上げに尽力されていた。

さらに隣村の法花寺地区では、区長や市の認定農業者協議会長もされていた藤原隆夫さん。私が法花寺地区と関わり始めた頃「ワシの村の一番の自慢は白い雲だ。青空に浮かんであの白雲山にかかるとすごく美しい。アンタら勤め人は、朝起きるとさっさと車で出てしまい、帰るころには陽は沈んでいる。ゆっくり古里を眺めることもしない。その点、ワシら農家は一日中田んぼや畑にいて、まわりの様子を見ている」と言われたこともある。そんな人だ。

ほかの地区では「豊岡あいがも稲作研究会」という研究会の初代会長、下宮の石田敏明さん。環境創造型農業が話題になる頃、内緒ごとを打ち明けるように「実は、高校生の頃から鶏糞肥料に関心があった。土づくりに興味がある」と話されていた。さらには環境創造型農業と村づくりを一体で取り組む河谷地区、休耕田を活用したビオトープ水田を始めた福田地区などにも関心を持つ人がいそうだ。これらの方たちに呼びかけ、まず数人での稲葉光國道場が2002（平成14）年にスタートした。

翌2003（平成15）年には、美味しくて安全な米作りを行う、県認定の「豊岡エコファーマーズ（代表・斎藤実さん、会員には後述する成田市雄さんなど）」も発足した。

「生きものと共生する農業」への転換に舵を切る

2002（平成14）年、兵庫県但馬県民局の地域振興部内に設置された「コウノトリプロジェクト」がスタートする少し前に、土地改良事務所の課長から「コウノトリのことを教えてほしい」と依頼があった。事前学習らしい。ありがたい、と事務所に伺った。説明を聞いた後に言われたのが、「戦後、我々が進めてきたのは、いかに大型機械で効率よく米を生産するかだ。今、あなたが言われたことはすべて、我々がやってきたこととの真逆だ。趣旨はわからぬでもないが、今から実行しようとするのは…いやぁ大変だなぁ」と私への同情とも、これから実践しようとする自分へのため息ともとれる言葉を発せられた。農業の流れが変わることへの、気持ちの切り替えに苦労されていた様子がうかがえた。

それは県だけでなく豊岡市でもそうで、すでに中貝市政は始まっていたとはいえ、農政部局では「農業の現場はあくまで生産だ。軽々しく行政から方向転換とは言えない」と、私たちコウノトリ担当者に「農業の現場を知れ」と冷ややかだった。

そんな中、豊岡市は2003（平成15）年度から稲葉光國さんを市のアドバイザーとして契約。いわゆる「稲葉道場」や、豊岡エコファーマーズなどのグループ、豊岡あいがも稲作研究会などの周辺以外では、これまでの農業を変える気配はまだ見えなかったが、行政による基盤づくりがともかく始まった。

2003（平成15）年、豊岡市は市内で生産された安全・安心な農産物を、消費者に信頼してもらうために「コウノトリの舞」と称して商標登録した（ただし兵庫県による無農薬、減農薬の「ひょうご安心ブランド食品」認定が前提）。商品に「コウノトリの舞」のロゴマークのステッカーが貼ってあれば、安全・安心を行政が保証しますというもの。

2020（令和2）年3月末時点で、722.7ヘクタール、51の団体で20品目、2食品が認定されている。農家と消費者の信頼関係は少しずつ、確実に浸透しだした。

神の使いか!? ハチゴロウ、舞い降りる

農家の意識を大きく変えるきっかけになったのは、コウノトリ自身の「功績」も大きい。

野生復帰に向かうべくいろいろな計画はできた。しかしなにせ初めての試みだし、様々な課題に対処するといっても、肝心なコウノトリが目の前にいなければ、空想でしかない。現実問題として取り組みが有効なのか…不安一杯のまさにそのとき、2002(平成14)年8月5日に1羽のコウノトリが突如、豊岡に舞い降りたのである(後に「ハチゴロウ」と命名)。あたかも「オレが行動して見せてやるよ」と言わんばかりに。まさに「神の使い(中貝宗治さん談)」で、毎日のように行政、研究者、農家、市民を大いに教育してくれた。

舞い降りたのはなんと、第1章に登場した隠岐の島のあのコウノトリだった。隠岐の島、安来市、京丹後市へと追っかけて、漠然と「豊岡に舞い降りてくれないかなぁ」と念じていたコウノトリが現実に来てくれた。

頭上を優雅に舞うハチゴロウの姿は、みんなの心を明るく、大らかにしていった。ハチゴロウは、翌春にはねぐらをコウノトリの郷公園から約5キロメートル離れたコウノトリ保護増殖センター内に替え、円山川沿いの田んぼや河川敷で採餌するようになった。

本当に田んぼの稲苗を踏むのかどうか、調べる絶好のチャンスだ。早速に豊岡農林事務所が事務局となり、農業改良普及センターや我々市役所の担当者、市民グループのパークボランティアも参加して調査を開始した。

日昇前の4時頃に、ハチゴロウがねぐらにしているコウノトリ保護増殖センターの前に集合し、飛び立てばその後ろを追いかける。田んぼに降りれば歩く様子をこまめに観察し、次の田んぼに飛べば残った班が歩いた痕跡を調べ、ほかの班は追いかけて観察する。調査は2005（平成17）〜2007（平成19）年まで毎年行い、後半は農家自身も調査に加わった。

豊岡農林事務所がすごかったのは、踏まれた苗のその後を、追跡調査したことだ。その結果、踏まれた苗の大部分は立ち直り、欠株になるのは一部だけであることを突き止めた（図8-2）。

この内容を保田茂 神戸大学農学部教授らの学識者に分析してもらい、「この程度の被害ならば、欠株になっても周辺株が補償するため、稲の減収につながることはない」との結論が導かれた。行政による徹底した調査、農家自ら調査しての状況認識、これに科学的な論評がされたことで、「コウノトリは苗を踏むことは踏むけど、まあ大したことじゃないし、減収にはならない」との認識が農家に広まったのである。

「コウノトリ舞い降りる田んぼ」認定事業の意味するところ

さらにもう一つ、特筆すべきことがある。豊岡農林事務所が「農薬使用をダメというのではなく、

コウノトリが水稲作に及ぼす影響

1　関係機関による調査

豊岡市、兵庫県但馬県民局及び兵庫県立コウノトリの郷公園では、平成17年度から19年度にコウノトリの水田における行動（田んぼでの歩行、採餌等）、特に田植え後の踏み付け等水稲作に及ぼす影響について調査をしました。

調査期間	H17.5.16〜6.16 （うち10日間）	H18.5.29〜6.11 （14日間）	H19.5.21〜6.1 （うち10日間）
田んぼでの歩数　（A）	１５，５９４歩	３，５９８歩	６，９２１歩
田んぼの滞在期間（B）	６５７分	２５１分	５６７分
踏付株数　　　（C）	３８株	２５株	１７株
踏付株の割合（A／C）	４１０歩に１株	１４４歩に１株	４０７歩に１株

踏み付けられた株のすべてが、生育に影響を受けるわけではない

18年度調査では、踏み付けられた25株のうち19株は周辺株と同程度に生育し、残りの6株も生育は小さいものの回復しました。19年度調査においても、踏み付けられた17株のうち13株は周辺株と同程度に生育したことを確認しました。

コウノトリが苗を踏み付ける可能性及びその影響

1羽のコウノトリが踏み付ける苗は、調査結果から試算すると1時間当たり3〜6株となります。踏み付けられた株の一部は欠株になるおそれがありますが、欠株が発生した場合でも周辺株が補償するため、欠株がそのまま減収につながることは少ないと推測されます。

踏み付けられた苗が回復した例

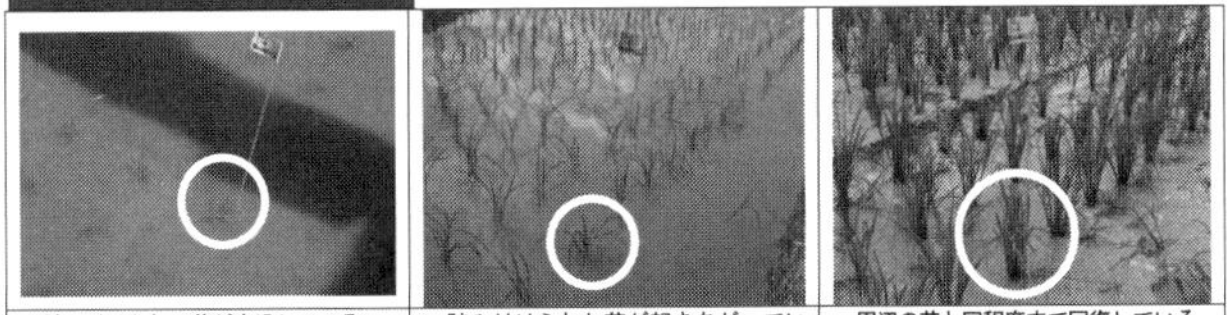

・踏み付けられて苗が水没している。

・踏み付けられた苗が起きあがっている。（10日後）

・周辺の苗と同程度まで回復している。（3週間後）

2　生産者等によるモニタリング調査

コウノトリに関する知見を農業者自らが得てもらうため、コウノトリ舞い降りる田んぼ認定地区の農会等に平成18年度から平成20年度にモニタリング調査を実施してもらいました。

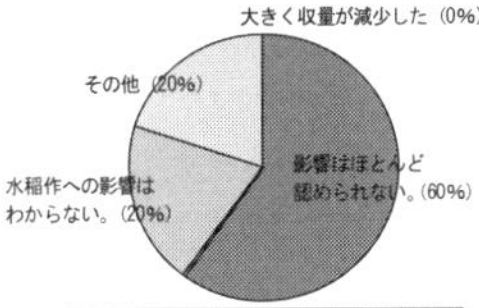

水稲作への影響（収量の減少等）

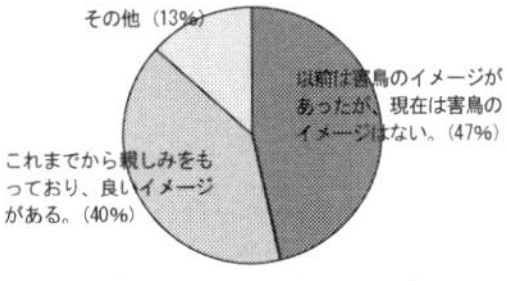

コウノトリのイメージ

図8-2　コウノトリが苗を踏んでも減収にならないことを実証（出所：兵庫県但馬県民局豊岡農林事務所）

農家を誉め称える」方向へ発想を転換したことだ。コウノトリが来る田んぼには餌生物がいる。つまり生きものが棲めるような、人間にとっても安全・安心な田んぼであることをコウノトリが証明してくれているという発想だ。

このような田んぼを「コウノトリ舞い降りる田んぼ」として行政が認定することになった。もちろん認定事業に踏み切る背景には、民間稲作研究所の稲葉さんや普及センター、JAから指導を受けた農家・地域が増え、「農業にコウノトリを活用したい」との意識が出てきたことが大きい。

放鳥後の2006（平成18）年、農林事務所は田んぼの3つの認定基準をたて、地区を対象とした制度を開始した。

①環境創造型農業＝コウノトリ育む農法を概ね2ヘクタール以上されていること。

②実際にコウノトリが餌場として利用していること。

③今後も環境創造型農業を継続されること。

初年度は祥雲寺、福田、赤石、河谷、中谷地区が、翌年は法花寺、森津など9地区が認定され、2008（平成20）年の唐川地区認定でとりあえず終了。翌2009（平成21）年から名称が「コウノトリ育む田んぼ認定事業」となって継続され、2022（令和4）年1月31日現在の但馬管内では、豊岡市が26地域、養父市が5地域、朝来市が8地域、新温泉町1地域の合計375・1ヘクタールが認定されている。

コウノトリ＝害鳥との意識から「田んぼに舞い降りてほしい鳥」に変わっていく大きな出来事は、何と言っても2005（平成17）年9月24日のコウノトリ放鳥式（第7章参照）であった。この盛り上がりは、生きものとの共生というい わばマイナーな取り組みが、一気に社会で認知されたものであった。行政が先頭になって推し進め、JAが販売を担う。さらにコウノトリが安全・安心のシンボルとして「環境創造型農業」をPRしてくれる。農家にとっては、行政がコウノトリ保護を叫ぶほど農家のPRが進むこととなった。

環境創造型農業「コウノトリ育む農法」の確立へ

豊岡での環境創造型農業は、1992（平成4）年の試験圃から始まり、1995（平成7）年のアイガモ農法、2000（平成12）年の祥雲寺地区の水田の団地化、2002（平成14）年からの稲葉光國さんの指導などを経ながら発展していったが、その間に、JAたじまが果たした取り組みも大きい。合鴨稲作研究会の事務局を皮切りに常に行政と連携しながら、コウノトリ野生復帰と一体に、環境創造型農業を推進してきた。

2003（平成15）年の祥雲寺地区の「コウノトリの郷営農組合」での試験栽培がスタートすると、JAによる有機肥料を使用した育苗試験が始まった。翌年には栽培範囲の拡大に伴い、無消毒種子と有機肥料を使った発芽苗の供給、減農薬栽培暦の作成に加えて、地元量販店への販売が開始された。

そして2005（平成17）年以降のコウノトリ放鳥を契機として、大幅に栽培面積が拡大することとなる。そこから一層の資材安定供給と販売強化に取り組まれ、2006（平成18）年にはJAたじまの稲作振興方針に「コウノトリ育む農法」の普及が明記されるに至るのである。その戦略の一環として、JAの組織力を発揮して面積拡大を行うため、同年「コウノトリ育むお米生産部会」が発足した。法人、個人、営農組合の51名から成り、初代部会長には祥雲寺地区の畷悦喜さんが就任された。

こうして書くとJAが環境創造型農業に取り組む流れがスムーズだったように見えるが、慣行栽培を急転回させることには多くの困難があって当たり前だ。その困難を突破できたのは、行政が正面から推進していったことが大きい。

しかしアイガモ農法のときもそうだったように、最初にまず、個人レベルでの頑張りがあった。行政では、兵庫県但馬県民局豊岡農業改良普及センター普及員の西村いつきさん、市役所コウノトリ共生課の宮垣均さん。そしてJAたじまの堀田和則さんだ。「環境創造型農業」「コウノトリ農法」

「生きものと共生する農法」などと呼ばれていた名称を統一して、「コウノトリ育む農法」と名付けたのもこの3人だ。草創期における3人の仕事ぶりは特筆すべきだが、端から見ていても3人ともチャレンジすることが好きで、予想以上の手応えにワクワクして楽しんでいたように見えた。

2002（平成14）年以降、コウノトリ共生推進課長となった私は、業務範囲が環境施策の企画・調整や管理面などに広がってしまったので、コウノトリや農業の現場は、宮垣さんに任せるようになった。かつてはコウノトリ関係の動向をすべて把握できたのに、あとから様子を聞き「ああ、そうなんだ」と後追いになるケースが増えていった。良いことだけど、少し寂しかった。

「コウノトリ育む農法」の神髄を訪ねて
―成田市雄さんインタビュー

２００３（平成15）年に０・７ヘクタールから始まった、稲葉光國さん指導の「コウノトリ育む農法」は、放鳥フィーバーにも乗って２０１６（平成28）年には無農薬米が１１５・８ヘクタールまで広がっていった。しかし「手間がかかりすぎる」「雑草対策が大変」「収穫量が減る」と危惧され、減農薬に切り替える方もある。

稲葉先生の教えである「丈夫な苗で、いかに雑草を繁茂させずに稲を育てるか」という基本を忠実に守り、それを豊岡に合った形に改良して成功している、成田市雄さん（元コウノトリ育む農法生産部会長）にインタビューをしたことがある。

コウノトリ湿地ネット機関誌「パタパタ」NO.34〜37号に掲載した記事を、再構成して紹介する。インタビューは、２０１６（平成28）年11月9日と、２０１７（平成29）年4月7日、成田さんの農業倉庫にて。

◎一人でやっていても、地域の生態系は変わらない

―成田さんが「コウノトリ育む農法」を進めるうえでモットーにしていることから教えてください。

成田 仲間を増やすことですね。一人でやっていても、地域の生態系は変わらないから。

2005(平成17)年にコウノトリが放鳥され、2006(平成18)年には、「コウノトリ育む農法」の生産部会がJA内にできて、田んぼに旗を立ててPRしたので、村の人も(農法のことを)知るようになった。でもその年の稲刈りの後、近所の小学5年生の子が「おっちゃんがいくら無農薬の米を作っても、隣の田んぼで農薬を振っていたら、おっちゃんの田んぼも無農薬の米にならないんじゃないの?」と。ガーン。それで自分の周りでも無農薬でお米を作らないと本物にならないと考えたんです。ならばどうやって仲間を増やすのか? そこで「コウノトリ育む農法」で米を作ったら、どれだけ収益があるかをみなさんに話したんです。

でも、今でもやめないで残っている人は、お金が目的じゃなかった。そのときに思っ

たのは、「ああ、お金で釣ったんでは、結局、お金が儲からなくなったらやめちゃうんだな」と。その苦い経験から、今は若い人に（経済の話もするけど）「自分たちと食べてもらう消費者の健康のことを考えよう」と話している。工業製品じゃないんだから、健康のことを考え、農薬を使わないお米づくりを「しなきゃいけない」という気持ちになってほしい。そしたら、たとえ失敗して所得が減っても、よし来年はもっと勉強して頑張ってみようとなる。お金を目的にしていると、儲からないと「やめた」になってしまう。

◎浅く耕耘して雑草を抑え、微生物の動きを活発に

―秋に、稲刈りの後に田んぼを耕耘するのはなぜ？

成田　田んぼは、起こすと土中の炭酸ガスが大量に放出されるので、地球環境で見れば耕耘せずに作付けする方がいい。ところが、土を起こさないで「ふゆみずたんぼ」にしていくと、どうしてもトロトロ層（※1）の厚みが薄くなってしまう。つまりイトミミズがあまり活動しないんだな。だから両方のいいことを考えて、少しだけ上皮を舐めるような感じで耕耘している。

（※1）トロトロ層
水田の表層数センチメートルの所にできる、粒子の細かい泥の層のこと。米ヌカなどの有機物により土ごと発酵させることで、微生物や小動物（イトミミズ）が増殖・活性化して形成される。

浅く起こすことがいいのは、草の発生が極端に少なくなる。元々、田んぼには草の種が無尽蔵にあるので、それを深く起こせば下の種が上にあがってくる。ヒエやコナギなどの種は、地表面から下1センチメートル前後でないと発芽してこないが、深く起こすと攪乱されて上に上がり、発芽しやすい状態になってしまう。草を抑えるには、発芽したものを水で浮かして枯らすか、もう一度浅く耕耘すると1回か2回で始末できる。種子は長年生きているので、深い所で眠っていてもらおうということだ。

トロトロ層が厚ければ、層は水のようにやわらかいので種子が下に沈んでくれる。だからトロトロ層がないと、無農薬で草を絶やすことは非常に難しい。耕耘して、イトミミズに元気に活動してもらうことが大事だ。また、5センチメートル程度で浅く耕耘すると、稲株がひっくり返らないので2番穂はそのまま残り、カモやガンの餌にもなる。

◎ふゆみずたんぼは、なぜ必要か？

成田　「ふゆみずたんぼ（※2）」にするのは、春に田んぼを乾かすためです。水を溜めるとイトミミズが（糞で）トロトロ層を作ってくれる。翌年の春に水を落とせばト

（※2）ふゆみずたんぼ
冬の間も田んぼに水をためておく農法のこと。コウノトリ育む米ではこの農法（冬期湛水）が取り入れられ、冬期間も田んぼに水を張り、イトミミズの発生を促しながら抑草効果のあるトロトロ層を形成させている。

ロトロ層が乾き、田んぼ全体を乾かしてくれる。
トロトロ層は約6センチメートルなので、その下1〜2センチメートルのところに生えている草を浮かすように舐めるように掻いてやること。するとその下は酸欠状態になっているので、（雑草が）生えてこない。

―農家にとって、イトミミズはありがたい存在ですね。秋起こしからふゆみずたんぼという一連の流れは、草を抑えることが目的なんですね。

成田　そう。たいてい米を獲れなくするのは草なので。米が獲れないと続かない。トロトロ層の下の土はゆっくりと乾いていけばいい。上の膜さえ乾けば山間の田んぼでもいける。乾かすことは、次々と行き過ぎることをリセットするものと言える。乾いたり湿ったりすることで、生きもののバランスをとっているように思う。そして3月になると、まずアカガエルの卵塊を調べる。卵塊がなければ落水する。あれば、その田んぼは乾かさずにそのまま行ってもらう。

―思い切ったことですね。

成田　そうしないと、コウノトリ育む農法の意味がない。4月中頃になったら、今度

3月のふゆみずたんぼの様子（写真の右半分の田んぼ）。田んぼのトロトロ層が乾き、均平になっている。左は慣行栽培の田んぼ

はアマガエルが産卵に入るので水を入れて、そのまま早期湛水に入ってもらう。

◎早期湛水で雑草対策

—田植え前の湛水期間（早期湛水）はどのくらいと決めているのですか？

成田　早期湛水は、地域の実態に合うように2週間以上あればいいと決めた。一刻も早く水を溜めてアマガエルに産卵させて、田んぼに棲まわせる。アマガエルは、田植え時期に出て来るイネミズゾウムシを食べてくれるから。

―5月には草が一斉に生えてきますね。

成田　クログワイやオモダカはよほど繁茂しない限り収穫量には関係ないけど、問題はヒエとコナギだ。これが繁茂すると米は獲れない。ヒエは湛水すると生えるが、深水にすれば何も怖くない。水深8センチメートルにすると水の中で3〜4センチメートルになったときに浮力に負けて浮き、一葉になったものは枯れる。コナギは逆に水を溜めていないと生えてこない。だから、一刻も早く水を溜めて田植えまでに発芽を促す。発芽すれば、トラクターで水を8センチメートル以上に張って、上皮だけを舐めるように耕耘する。そうすると、草だけが浮く。一葉だったら、3日で枯れることが分かった。

―ヒエは深水にするだけで浮くけど、コナギは深水＋浅い耕耘が必要なんですね。

成田　一度田んぼを攪乱すると、種子が生えてくる。1週間経ったら一葉になり、2週間経ったら二葉になる。だから、トラクターで入ったらその10日後にもう一度やってほしい。ともかく浮かせれば溶けてしまう。浮いた草は水面上で枯れ、茶色になる。その後、白くなり、それで溶けてしまう。

―この浅く起こすという方法は、成田さんがやりだした農法ですか？

成田　不耕起農法は専用の田植え機が要るし。今、持っている機械でどうしたらうまくいくか、方法を見つけようと。その結果、浅く起こすのが一番いいなとたどり着いたんです。

ちなみに、殺虫剤を振らなければ水が濁るけど、振るから濁らず光合成が進み草は生える。草が生えるから除草剤を振る。殺虫剤を振らなければ生きものによって水は濁り、草も生えないから除草剤も降る必要がないのにね。

除草剤を使うことを前提で6月に田植えすると、米は獲れない。除草剤を一度振ると、草が枯れるくらいだから稲だって小さくなって一度休む。休むから追肥をやって生育を促さねばならない。除草剤を振らなければ、ストレスを受けないから稲はすくすくと大きくなる。

―農薬で痛めつけては、早く大きくなれとせっつかせる。稲にとっては「どっちなんだよ」と。

成田　いろんな有機物を稲が吸えるチッソに変えていく過程で、必ず微生物の力が要る。でも、農薬を振ってしまうと微生物が死んでしまうから、有機物を分解する力がなくなってしまう。だから、化学肥料を振って稲に吸わせなくてはならない。有機農法で田植えをすると、有機物が田んぼにある限りは延々と供給されるんだ。だから、追肥なんて必要ない。コウノトリ育む農法の減農薬は追肥がいるけど、無農薬はいらない。

◎カエルを守る「中干し延期」

—生きもののためにやっている「中干し延期（※3）」は、稲作り（土作り）から見ると厄介ものですか。

成田　中干しは土の中に酸素を送るためだ。水を落とすことによって土中のガスが抜けるし、窒素も放出される。中干ししないと酸欠になるので、当然収量も少なくなる。また、中干し後に再度水を入れたらトロトロ層が復活してドロドロになってしまう。その頃には稲が繁茂しているから、陽が当たらず乾かない。稲は根が張らないのでグラグラと倒れていく。

中干し延期は、害虫を食べてくれるカエルを守るため。直接的には生きもののため

（※3）中干し延期
「中干し」とは、田植えの１カ月後に田んぼの水を抜いて、田んぼを乾かすこと。こうすることで稲の根を丈夫にするなど、品質や収量の向上に関わるとされる。この中干しの時期を、オタマジャクシがカエルに変態するまで延期することをいう。

だが、結局は稲作のためだ。オタマジャクシには悪いけど、稲のことだけを考えたら早めに水を落として土を活性化したら稲はよくできる。だけど、あとで害虫に困ってしまう。その辺が、1年に1回しかできないのでなかなかデータはとれないな。落水時期が遅いとガスも抜けないし窒素も放出されず残ってしまう。稲ができていなくて肥料分が多いと栄養過多になり、米の中のタンパクが上がる。数値で出るので、食べる前に「この米はおいしくない」となってしまう。「目的はオタマジャクシを救うためなのだから、カエルに変態したら落水しよう」と、6月26日を〝ケロケロの日〟にして、その日に生きもの調査を行い、カエルに変態していたら落水してもいいことにした。

◎地力に合った米づくりとは

―たくさんの収量を獲るにはどうすれば？

成田　お米は、たくさん獲ることは簡単なのだけど、地力に見合った収穫量にしないと、味は落ちてしまう。豊岡は基準反収が8俵半なのだから、8俵半に合ったお米作りをしないとまずくなる。気候、風土が地力をつくっていく。

――稲葉先生の教えは筋道があるので、「最初から最後までその方法を貫徹する必要がある」と聞いたことがあります。

成田　僕も初期の頃は「できることしかしない」「これならできる」「それ以外のことは慣行でやる」だった。今から思えば、それでは成功するわけがない。だから、生産部会では「つまみ食いはダメだよ」としつこく言っている。

――これからやろうと思っている人には、ある種の覚悟が要りますね。

成田　一方で、僕の言うとおりにしても僕と同じ稲になるとは限らない。なぜなら、僕の田んぼとその人の田んぼでは気温、水温、土質など気候風土が違うから。無農薬農業にはマニュアルがあればうれしいけど、それは絶対ではないんだ。細部までそれに従ってやっていても毎年草まみれになる。何が違うのだろうと。そこから、関東・東北でのやり方を、但馬・豊岡の気候に合ったやり方に修正していったんだ。

＊

農家が主体的に、農薬に頼らない農業に取り組んでいると、イトミミズやカエルが力を貸してくれる。そんなことを改めて実感したインタビューであった。

成田さんは、「コウノトリ育む農法」を続ける中で、雑草も徹底的に駆除しなくてもいいのではないかと思うようになったそうだ。「コナギも生きものなんだから」と。また「有機農家はコウノトリや環境のことも発言する必要があると思うが、なかなかできていない。豊岡の農家が幸運なのは、行政が盛んにPRしてくれ、JAが販売してくれる。ありがたい」とも言われる。

2021（令和3）年春現在、豊岡でのコウノトリ育む農法田は425・69ヘクタール（減農薬278・64ヘクタール、無農薬147・05ヘクタール）。但馬地域全体では、555・8ヘクタール（減農薬371・9ヘクタール、無農薬183・9ヘクタール）まで拡大している。ただし順調に伸びてきたようにも見えるが、2020（令和2）年は初めて減少に転じた（翌年以降は増加へ）。農家は総じて高齢化しており後継者は厳しい。一人でもリタイアされるとたちまち面積に影響する。まだまだ農業の基盤は脆弱と言わざるを得ない。

第9章

河川自然再生のシンボルとしての湿地づくり
——2002〜2018年

ビオトープで環境教育「田んぼの学校」を始める

2001（平成13）年にコウノトリの郷公園の前で「休耕田のビオトープ化」を市民グループ「コウノトリ市民研究所」の主体で始めたことは第8章で紹介したとおりだ。

だがようやく環境創造型農業の取り組みが進みだしたと言っても、まだ主流になるには程遠い。ならば、急場しのぎでも餌場をつくることができないだろうか。考えたのが、いろいろなビオトープを身近な所につくることだった。

そこで、2002（平成14）年からは豊岡市の事業としてビオトープ田を広げていき、さらに2006（平成18）年には豊岡市環境基本計画に「全小学校区に1カ所はビオトープ田を造成すること」を盛り込んだ。全小学校区に、という設置目標にこだわったのは、身近な場所で子どもの環境教育に活用するためでもある。

少し経つと単に水を溜めるだけでは面白くなくなって、「この生きもののためには、こうすればいいのではないか」と仮説を立て、実行し、モニタリングして修正する、いわゆるPDCAサイクルに興味を持つようになった（アダプティブ・マネジメントという言葉もあったが、私たちは内山節さんの言葉から「見試し」と言っている）。

やってみると、とても面白い。生きものが我々の取り組みに応えてくれると喜びと達成感に浸れるし、逆にまったく反応してくれないとがっかりする。生きもの相手は、すべてが論理的に解決するものではないので、こちらも心に余裕を持つべきと実感した。

また、ビオトープ田は子どもたちの教育にも絶好の場となる。NPO法人になったコウノトリ市民研究所は、今度は文化館前のビオトープで「田んぼの学校」を始めた。子どもは泥の中を走り回って水生昆虫を捕まえ、大人は農道で見守る。大きな歓声が飛び交い、誰もがニコニコしている。場所こそ文化館奥のビオトープに代わったが、好評で現在も続いている。

ただしこのビオトープ田は万能なわけではない。転作に供される田んぼは概して小規模だ。補助対象田は、面積でいえば全体で概ね1ヘクタール以上あることとされているが、中には10枚以上の区画に分かれている場合もある。田んぼ間の水の流れがつながっていない区画では、ビオトープ化しても箱庭のようで（コウノトリの餌場の一つとしての効果はあるけれど）、田園全体の生態系回復には程遠い。

また経済性がない分、どうしても管理（労働）意欲が減退しがちだ。農家の心の底には『自然なんだから放っとけばいいだろう』の思いもあるようだ。生物の住処づくりに関心があり、ボランティアで汗を流すことに意欲がある人なんて、きわめて少数派だ。参画する人数と知見、機械やお金をどう確保するか。今もって大きな課題となっている。

生きものが暮らせる田んぼへ「土地改良事業」

2002（平成14）年に発足した但馬県民局「コウノトリプロジェクト」の一員である土地改良事務所は、最初の取り組みとしてコウノトリの郷公園前のビオトープ田で、魚道の設置に取り組まれた。

これまでは圃場整備により田面がかさ上げされたことで、排水口と水路に約2メートルもの落差

コウノトリの郷公園前のビオトープ田につくられた、第１号の水田魚道

が生じてしまい、水系のつながりが分断されていた。

そこで試験的に、階段をつくって排水をつなげてみることとなった。いわゆる水田魚道である。しかし、これで本当に魚が利用してくれるのだろうか。担当した土地改良事務所の柱谷敏一さんは初めてのことで不安がいっぱい。じっとしていられず、夜、奥さんを伴って現場に行かれたそうだ。

「懐中電灯で灯しながら息をひそめて屈んでいると、小さな魚が昇っていくんだよ。ドジョウだ。ほかはタモロコかな。もううれしくなって、二人で小躍りしたよ」

その後も田んぼの中に生きものの逃げ場（マルチトープ）をつくったり、排水路を底上げして田んぼとの落差を解消したりと、圃場整備を前提としつつも「田んぼで生きものが暮らせる場づくり」が展開されていった。

２００１（平成13）～２００４（平成16）年に行われた赤石地区での圃場整備は「生態系保全型水田整備事業」と銘打って、29ヘクタールもの田んぼが対象となった。計画策定委員会には、コウノトリの郷公園の研究者や私も加わり、地域の農家からは「担い手育成が主目的なのに、生態系？ミスマッチだよ」との声も出ていたが、それでも農家は熱心に生きもの調査などに協力されていた。つくづく真面目な方々と思ったものだ。

結果、完成した圃場は、これまで用排水一体型だった田面が70センチメートルかさ上げされているので、当然、水路と田んぼに落差が生じている。そこでこの事業では「農業用水路を改良した魚巣ブロック」「カエル脱出用スロープの設置」「59カ所の水田魚道（ハーフコーン型ほか）」の設置をすることとなった。

ただし水田魚道の設置が、イコール生態系保全と言えるかは、実は議論の分かれるところでもある。田んぼから水を流さないと魚は遡上できないが、常時排水するわけではないし、なにより農家に「(稲ではなく）生きもの視点で水管理をしてほしい」と言うのも、酷なことだ。だが、大いに話題になったのもたしかだ。

土地改良事務所では、さらに水路泥上げ実働隊や演劇グループなどの活動もされていた。これらの一連の事業や活動は「戦後の近代化で、圃場整備してしまった現場を再生したい」という意志のあらわれだったと思う。

円山川水系の自然再生と採餌場づくり

但馬県民局の「コウノトリプロジェクト」が行ったことはまだある。土木事務所では、プロジェクト初年度から県の管理河川でのコウノトリ採餌環境の再生に取り組むこととなり、「円山川水系自然再生計画検討委員会」が設けられた。研究者、行政、地元自治会、農業、教育、漁協などの代表からなる委員会である。

この年、国土交通省では河川環境の保全を目的に、人為的に制約を受けた川のシステムを元に戻す「自然再生事業」を創設。国レベルでも、現在の川の在り方が問い直されていた。国会では議員提案による自然再生推進法が審議されており、成立が確実視されていた（同法は2002〈平成14〉年12月に成立、翌年1月1日施行）。こうした状況から国土交通省も、円山川水系の取り組みに大いに関心を持ち、県事業に加わることとなった。

そして2003（平成15）年8月、円山川水系を国と県で一体的に取り組む委員会（委員長に藤田裕

一郎 岐阜大学教授）が発足したのである。2005（平成17）年11月には、検討委員会が円山川水系自然再生計画を策定。骨子は以下の通りだ。

議論が進む中で、基本的に国と県で取り組むことが整理されてきた。

◎流域における自然再生の目標：コウノトリと人が共生する環境の再生を目指して、エコロジカルネットワークの保全・再生・創出を行う。

- 湿地、山裾の保全・再生
- 河川と水田と水路と山裾の連続性の確保
- 良好な自然環境の保全・再生・創出

県管理河川では、農業用井堰などの設置で生じた段差の解消。特に2004（平成16）年10月に発生した台風23号による濁流で、太田川、出石川の下流に流された多数のオオサンショウウオの救出が初期のメイン事業となった。オオサンショウウオが上流の生息地に帰るために、支障物である段差を取り払い、遡上できるスロープが設置された。ほかの河川でも段差解消が行われ、魚類などの遡上を助けている。

円山川河岸湿地再生のための、造成工事の様子

国直轄区域でのメイン事業は、円山川河岸湿地の再生である。台風23号の緊急治水対策として河川内の流量を多く確保する必要から執られたもので、川底に溜まった土砂の浚渫《しゅんせつ》と併せて実施された。河川敷（高水敷）を広く浅く掘削することで河積の増大を確保し、かつコウノトリが採餌できるように湿地状にするものだ。

2019（令和元）年時点で、河口から9・0〜16・8キロメートル間の高水敷が年平均水位よりやや低く掘り下げられ、面積にして約69・1ヘクタールが湿地（浅水敷）となった。年を経るごとに階段状やワンド風などの形状が採用され、多様な環境を創出している。

河川の自然再生で採餌は叶ったか

ではコウノトリは、創出された湿地で採餌できているのだろうか？　結論は「休息場になっており、ときどきは採餌もしているが、十分な存在とまではなり得ていない」というところだろう。

私たち市民グループ「コウノトリ湿地ネット」による目撃情報では、秋〜冬期にコウノトリの利用が多く、夏季は頻度が下がる。理由は、円山川は河口から16・5キロメートルまでが汽水域で、干満の影響を受けることが挙げられる。夏季は潮位が高くて採餌できず、冬季は水位が低下するので採餌環境としては良いが、肝心の魚類などが低水温のために浅水域にはいないのだ。

河川の餌場として良好なのは、支流の出石川の方だ。この川は円山川との合流部以外は海水の影響を受けず、かつ浅水なので、稲丈が高くなって田んぼに入れなくなる7月中旬以降から、コウノトリがここに移ってくる。しかしここでも12月以降は浅水・低水温で魚がいなくなるので、彼らはまた別の場所（農業用水路、湿地など）に移動してしまう。

このように、河川の自然再生が完璧にできたとしても、一年を通して良好な餌場となるわけではない。田んぼ、農業用水路、休耕田ビオトープ、人工湿地など多様な環境があることが重要だし、それらがコリドーのようにつながっていることが必要だ。けれども国土交通省の取り組みによって、円山川河岸湿地がコウノトリの餌場の一つになったことは、コウノトリの生息にとってとても大きなことである。

台風23号がもたらしたハチゴロウの戸島湿地

2002（平成14）年8月に豊岡にやってきたハチゴロウは、その年の秋には野上地区にあるコウノトリ保護増殖センターをねぐらに、主に市街地から北の円山川河川敷の牧草地や田んぼで採餌していた。

2004（平成16）年10月20日に豊岡を襲った台風23号は未曽有の災害をもたらし、旧豊岡市の平野部の約8割が冠水してしまった。下流にある旧城崎町戸島地区（24戸）の田んぼも例外でなく、全面的に冠水していた。実は、戸島の田んぼはもともと海抜20センチメートルの低湿田で、土地改良事業で平均1メートル強のかさ上げ工事を進めているところだった。あとは最下流部の工事を残すだけとなったとき、台風が襲った。当然、市内の多くの災害箇所復旧工事が優先され、土地改良工事は中断されてしまった。

造成前の戸島湿地でナマズを捕食するハチゴロウ（写真提供：復建調査設計株式会社）

未着工部分の、日本海から約3キロメートルのところにある低湿の田んぼは、台風による円山川の越流水で湛水されたまま。あたかも以前からあったかのように大きな湿地と化し、ボラやナマズ、フナ、コイが浅い水域を泳ぎ回っている。

これをハチゴロウが見つけたのは必然だった。2005（平成17）年5月になるとハチゴロウの姿は周辺の人々の目に留まるようになり、カメラを構える人も出だした。

荒川秀夫さんもその一人だ。「カメラをアップにして覗いていると、ハチゴロウが私を真直ぐに見つめだした。キリっとした鋭い目で見つめられて、もうドキドキしてしまった」とおっしゃる。以来、荒川さんはハチゴロウの熱心なファンとなり、多くの優れた写真を撮影されている。

荒川さんたちの現場での動きは、私たちのコウノトリ共生課の耳にも入ってきた。ここは2カ月前までは城崎町区域だったが、4月1日に城崎町も合併されて新「豊岡市」になったのだ（コウノトリ野生復帰にはいつもこんな風に「運」がついてくる）。

早速、市長以下の内部協議が始まった。農業担当課は「せっかく、地元農家念願の土地改良が始まり、あと少しなのだから完成させなければ」と渋る。一方、市民のハチゴロウへの関心は日増しに高まっていく。市長の指示は「地元に『市は戸島の田んぼの一部をコウノトリの湿地にしたいと考えているが、まったくダメか、あるいはどれくらいの面積なら土地を提供できるか』を打診せよ」であった。

早々に地元地区役員、土地改良の役員に市の考えを打ち明け、協議してもらうことにした。何度も、役員会議、全体会議を開催した。長老は「田んぼは手放してはならない」、中堅の役員は冷静に計算し「少しなら提供可」との返事。

「これからの農業を担う人数を考えると、すべての面積は荷が重い。むしろ、注目されるコウノトリをシンボルにして地区・農業活性化に役立てよう」というのが理由だ。最終的に、地区・土地改良委員会の「苦渋の選択」（広川委員長）により、工事未着工部の半分（山側の約2.8ヘクタール）を市が買い取ることとなった。

私たちが山側を望んだのは、山―山裾―湿地―河川のつながりを重視したからだ。しかし、コウノトリと人との距離を確保するには東西が狭かったので、さらに隣接の雑種地である約1ヘクタールを追加で買い取った。

説明会の席上ではもちろん、苗を踏む害鳥、コウノトリが田んぼに降りることへの不安、農薬が使えない「窮屈な農業」を強いられるのではないかとの不安が、口々に出された。ただしこれまでの地区と同じように、やがてはコウノトリを愛でる話題になるのだったが。

ハチゴロウの戸島湿地は生物多様性のデパート

2006（平成18）年5月「（仮称）ハチゴロウの戸島湿地整備基本構想・計画策定委員会」が発足し、2007（平成19）年1月に構想・計画を策定した（図9-1）。委員長は三橋弘宗さん（兵庫県立人と自然の博物館主任研究員、河川生態学）。「この湿地ができるのはハチゴロウが来てくれたおかげなのだから、正式名称として名前を残そう」（ハチゴロウは、2007〈平成19〉年2月に死亡）と、2008（平成20）年6月には条例名となった。名称の発案者は柳生博さん。要点だけ記してみよう。

湿地生態系が機能し、生物多様性が豊かで、コウノトリが採餌できる環境。このすべてを満たす

○目的

- コウノトリが舞い降りることのできる湿地環境を保全する。
- その湿地環境を持続的・自立的に維持管理する。

○目的を達成するための視点

- 長期的・広域的に考えて、観光資源、環境学習・環境教育の場、農業用水利施設など、多面的に活用する。
- 円山川下流域を国際的に重要な湿地としてラムサール条約に登録することを検討する。

○湿地整備の基本

① コウノトリが舞い降りるために
- 空間の確保　湿地面を最大限とり、人と約150メートル離す。
- 餌生物の確保　円山川の魚を湿地に誘導するよう汽水域をつくり、魚類などの生息環境を整備する。
- 採餌環境の整備　魚類等を捕りやすいよう水深を基本15センチメートルとする。

②多面的に活用するために
- 農業用水利施設にもなるよう、潮止堰を設置して淡水域を設け、水を供給する。
- 観光資源として、観光客にアピールできるよう整備する。
- 環境学習・環境教育として、子どもの学習にも配慮する。

③維持管理と運営
- 維持管理を行う新たな団体（NPO）を設立する。指定管理者の検討。
- 維持管理は「見試し」で行う。

図9-1 「(仮称) ハチゴロウの戸島湿地整備基本構想・計画」の内容

ために、湿地を「汽水域」「淡水域」の2つのゾーンに分けることとした。そして外部と水路でつなげて、より豊かな生態系になるようにしたことで、「淡水域、汽水域がセットで存在する（エコトーン）生物多様性のデパート」（三橋委員長）となった。

実際、その後の北垣和也さん（コウノトリ市民研究所主任研究員）による識別では、メダカ、オイカワ、タモロコ、フナ、ナマズ、サケの稚魚、ボラ、ハゼ各種、スズキ、サヨリ、ニホンイトヨなど、淡水、汽水、海水、回遊の魚50種が確認されている（「円山川下流域の魚たち」近畿大学校友会但馬支部、2021年）。モクズガニ、スジエビ、テナガエビなどの甲殻類も多い。さらに4月になるとコイやフナなどが淡水域へ産卵にやって来るので、一つの再生産の場になっている。ちなみに、近畿大学校友会但馬支部は、ほぼ毎年、円山川下流域で自然再生活動を行っている。

問題はコウノトリの採餌環境で、コウノトリが餌を捕れるように工夫し、管理しなければならない。たとえば水深は15センチ以下（後年これでは深すぎることがわかった）、ヨシやガマのような背の高い草は刈り取る。つまりは「明るい湿地」（西廣淳さん、国立環境研究所）である必要があるのだ。

さらに考えるうち、コウノトリの採餌には言ってみれば「2階建て」の家屋のような環境が必要との結論に至った。たとえば、1階部分は生物多様性がある環境を保つこと。ただしここは海面と同じ水位なので、潮位が高いときは水深が深くなり、冬季以外はコウノトリは採餌できない。だから実際の餌場となるのは2階部分の淡水域だ。ここは採餌が可能な浅水にし、草刈りを行う。つまり人の管理が必要となる。

さらに1階と2階をつなぐ道として、「起伏ゲート」も必要だ。水の重力と浮力によってフロートを起伏させ水位を調整する。魚類などは魚道で2階へ遡上させ、かつ（田んぼにも利用するため）塩水の侵入を防ぐという優れものである（復建調査設計株式会社の発案）。

こうした計画を実行するにあたって、豊岡市が用地買収し、兵庫県豊岡土地改良事務所が湿地本体の工事を、さらに豊岡市は管理棟などの付帯施設の整備を行い、ようやく2009（平成21）年4月2日に開設された。造成工事前にいたナマズやコイ、フナなどは多くの人の手で捕獲され、円山川漁業協同組合の水槽に一時避難し、工事完了後に湿地に戻された。

さらに造成工事の着工前のことになるが、旧城崎町商工会青年部OBより人工巣塔設置の申し出があり、山裾に建てていただいた。そして造成工事の最中に、なんと放鳥された2羽のコウノトリがやってきてペアになり、産卵。工事をどうする？　中断をお願いせねば、と思う間もなく、県と業者はさも当たり前のように、半年間工事を中断された。ありがたい。「さすが兵庫県（の風土）！」と安堵したものだ。

ずっと保護・環境活動を！　NPO発足と退職

2007（平成19）年度に入り、ハチゴロウの戸島湿地の管理運営を外部委託する方向が決まると、焦点は「誰がするか」に移った。地元在住で、コウノトリの歴史や生態に基本知識があり、熱意のある人材（人・団体・地区・生物関係者）はいないかと考えたが、候補者は浮かばなかった。

その時、私の中にある思いが湧いてきた。そろそろ行政主導ばかりでなく、市民グループが必要ではないか。市民がコウノトリ保護活動を主体的に実践する。そしてそれを私自身がやってみたいと。

この先もずっとコウノトリ保護・環境づくりに関わりたいと思い、定年を2年残した2008（平成20）年3月末での退職を決めた。

退職を決めると早速、市民グループの立ち上げにかかった。2007（平成19）年9月に「コウノトリ湿地ネット」を仲間と立ち上げた。まだ在職中だったので、代表は地元戸島地区の横田登代子さんにお願いした。後に私は2代目に就任。活動の基本は3つあった。

①市民で野外に出てきたコウノトリを観察し、その情報を収集・公開すること（表9-1。後年、全国版に発展したのが「コウノトリ市民科学」である）。

表9-1　コウノトリ湿地ネットの発行物

年	発行物と内容
2009年	ポスター発行。コウノトリの採餌環境を理解してもらうために、季節ごとにどんな生きものを捕食しているかを写真で示した。その後、英語、韓国語バージョンも
2010年	「豊岡市湿地再生白書」発行。これまで豊岡でどのような湿地再生が行われ、進行中かをまとめた
2012年	放棄田の湿地再生の小冊子「豊岡市田結地区の挑戦」発行
2018年	ポスター発行。コウノトリの生息地＝田んぼを守るには「ごはんを食べよう」と呼びかけた
2021年	ポスター発行。戸島湿地でのコウノトリ繁殖行動(造巣、交尾、産卵、抱卵、孵化、育雛、給餌、巣立ち)の5年間をデータで示した

②コウノトリの餌場に直結する様々な湿地を市民主体でつくっていくこと。
③工事中のハチゴロウの戸島湿地の指定管理者になること。

２００８(平成20)年の夏に、戸島湿地指定管理者の公募があったので即、応募。審査の結果、コウノトリ湿地ネットが市の指定管理者に決定となった(期間は3年、継続あり)。常勤１・５人で来客対応しながら、コウノトリの繁殖データの蓄積と分析、助っ人(企業ボランティアも多い。株式会社川嶋建設は毎秋、数十名の大部隊で来られる)をお願いしてヨシ、ガマ、マコモの刈り取りと搬出、合間にはミシシッピアカミミガメ、ウシガエルなどの外来種駆除を行っている(この湿地での活動状況については、サイト「ハチゴロウの戸島湿地(hachigorou.com)」に詳しい)。２０１７(平成29)年には、地域おこし協力隊として永瀬倖大さんが管理業務に参入。任務終了後も定住、継続して活動をされている。

コウノトリはというと、湿地開設時点ですでに人工巣塔で生まれた1年目のヒナの巣立ちも終えていたので、「コウノトリが生息できる湿地」という目標は、あっという間に達成できていた。この巣塔でのペアは翌年以降も繁殖を続け、2023（令和5）年冬にメスが事故で亡くなるまで、15年連続でヒナを巣立ちさせてくれた。

なお、地元の戸島地区は、ハチゴロウの戸島湿地開設を機に当初の意向どおり営農組合を設立され、湿地に隣接する田んぼの4・5ヘクタールにて「コウノトリ育む米（減農薬）」づくりを行っている。さらには「コウノトリ舞い降りる田んぼ」の認定も受け、酒造りにも、美しい農村づくりにも挑戦されている。

ラムサール条約登録の成果と課題

私の役所勤務最後の年の2007（平成19）年には、ハチゴロウの戸島湿地の整備に合わせて、湿地周辺をラムサール条約に登録することを目指すのが内部方針となった。

「ラムサール条約」とは「特に水鳥の生息地として国際的に重要な湿地に関する条約」が正式名称

だが、1971（昭和46）年にイランのラムサール市で採択されたことから、そう呼ばれている。国際的に重要な湿地を評価し、将来にわたって保全するため、国家間で協力して水辺の自然を守ることを目的としている。

戸島湿地周辺が「世界的に絶滅の危機に瀕している種・コウノトリの生息を支えている」「国際的に重要な湿地」であることを、国際条約で認定してもらおうというわけだ。

研究者の意見を伺ったり、環境省へ相談に行ったり、日本にラムサール登録湿地を増やそうと活動される柏木実さん・浅野正富さんにいろいろと教えてもらったり（余談だが2009〈平成21〉年4月には、NPOラムネット・ジャパンが発足。私も参加している）。

2008（平成20）年5月には「ラムサール条約登録湿地を増やす議員連盟（会長は川口順子議員）」の一行が現場視察に来られるまでになり、登録が現実味を帯びてきた。

そして遂に2012（平成24）年7月3日、ハチゴロウの戸島湿地を核とする「円山川下流域・周辺水田」がラムサール条約に登録された（当初は560ヘクタール。2018〈平成30〉年10月18日に登録地の南部が拡張されて1094ヘクタールに）。

豊岡の登録は、コウノトリ野生復帰の「取り組み」が評価されたと考えるべきだろう。だから、登録後もそれは不断に続けなければならない。湿地を登録時のまま保全するだけでは意図に反する。

さらに今回の特徴は「河川」が初めて登録されたことである。しかしこれは、同じく登録を目指されていた浅野さんたちのグループの成果をいただいたものだ。渡良瀬遊水地で、鳥獣保護区域（環境省）＋河川法（国土交通省）を合わせて登録要件を充足するという交渉を、粘り強く行われたおかげである。ありがたい。

コリドー状に湿地をつなぐ「加陽湿地」

豊岡市内で重要視していたもう一つの場所が、豊岡盆地の南に位置する「加陽・伊豆地内の堤外田（河川区域）」だ。円山川の支流である出石川の高水敷で、西側の山が自然堤防となっている。ここは、第4章で紹介したポスターに登場する、角田しずさんが牛の世話をしていた所だ。コウノトリ野生復帰の精神的原点と言っていい。

うれしいことにその後も、往時の雰囲気をそのまま残しており、ミズアオイやミクリ、タコノアシなどの希少植物も繁茂する。だが台風時によく冠水し、近年では休耕されていた。

2004（平成16）年の台風23号でも大きな被害を受けていたので、私はぜひ国が取得して、当時の風景を残しながらコウノトリの生息地に整備してほしいと願っていた。市長から国土交通省に直接要望の結果、国が堤外田約15ヘクタールを買い取って、河川自然再生のシンボルとすることとなった。ありがたいことだ。

この湿地は、魚類などの多様な生息環境とする「解放型湿地」と、主にコウノトリの餌場となる「閉鎖型湿地」に分けて造成され、2015（平成27）年に完成した。2017（平成29）年6月には、市も隣接の山裾部など1・2ヘクタールを取得。湿地、ポケットパーク、交流館などから成る「加陽水辺公園」を開設した。2018（平成30）年にラムサール条約登録湿地が拡大された際は、加陽湿地が中核施設となった。

課題としては、閉鎖型湿地ゾーンがコウノトリ採餌状況としてまだ良い状態に至っていないこと。多くの労力や気力、お金など、やるべきことはたくさんあるが、加陽湿地の完成により、豊岡市内は「コウノトリの郷公園」「ハチゴロウの戸島湿地」そして「加陽湿地」の、3つの大規模人工湿地が存在することとなった。

これに25カ所に点在する休耕田ビオトープ（2021〈令和3〉年現在。補助対象のもの）、田結湿地（第10章参照）などの放棄田ビオトープ、国・県管理河川の自然再生、それにコウノトリ育む農法の田んぼなどがコリドーのようにつながっていくなら、ラムサール登録エリアを順次拡大し、やがては豊岡盆地全体をラムサール登録できるのでは。それが私の夢だ。

生物グループとの連携

話は1992（平成4）年に遡る。兵庫県が「コウノトリ将来構想調査委員会」を発足させて次のステップに足を踏み出した頃、野生復帰に向けて市民の輪を広げるのに、まず自然保護・生物グループに協力をお願いしようと考えた。そこで但馬野鳥の会の会長の早川貞夫さんに話しかける。「待ってたよ。ぜひやろう」と喜びの返事が…と思いきや、意外や冷ややかだった。

早川さん曰く、「この六方田んぼには、私たちのシンボルとしているタゲリも生息していた。だが真ん中に広域農道ができ、2つに分断されるといなくなってしまった。市役所が野鳥保護に熱心だったことは一度もない。いろいろな所で自然が破壊され鳥が住めなくなっていることには何もせず、コウノトリだけを保護するのはいかがなものか」

次に、豊岡高校生物部顧問の上田尚志先生にも話しかけてみた。返事は同じ。「かつて豊岡盆地は低湿で、ゲンゴロウやタガメも生息していたが、1970年代を最後に絶滅してしまった」「行政がコウノトリにだけ力を入れることに違和感を覚える」

2人目なので少し反論してみる。「コウノトリだけとは思っていないですよ。コウノトリは食物連鎖の頂点に立つので、いろいろな生きものが生息することが大前提です」「じゃあ、一緒にやりましょうや」

上田先生から生物愛好家の名前が次々と挙がる。それならと考えたのが、1992(平成4)年の「生きものまるごと講座」の開設だ。

たとえばチョウなら木下賢二さん。生息する地元の公民館で1時間講義してもらい、その後、近くの現場に出かけてギフチョウの観察を行う。鳥、トンボ、魚など、それぞれを得意分野とされている方による座学とフィールドのセットで、7講座を行った。

それからは数珠繋ぎで、菅村定昌さん(当時は小学校教諭だった)を知り、タンポポの在来と外来の見分け方や、山裾のコブシなどの実地調査を行う。私にとってはみんな初体験でとてもワクワクしたものとなった。ミクリ、タコノアシ、オオアカウキクサ、みんな菅村さんから教えてもらったものだ。

さらには「タガメ・ゲンゴロウ大捜索隊」を行ったり、造成工事前のコウノトリの郷公園内で、豊岡高校生物部と一緒にハッチョウトンボの雌雄別生息数調査を何度も行ったりした。講師の方自身も、ほかの分野の方から教わったり教えたり。やがて生物ファンの会として、1998（平成10）年「コウノトリ市民研究所」（上田尚志 代表）が発足し、2004（平成16）年にはNPO法人化された。現在も「田んぼの学校」などで子どもたちを相手に熱心に活動されており、2015（平成27）年4月1日からは豊岡市立コウノトリ文化館の指定管理者に就任されている。

最初にお声がけした早川さんは、現在は高齢のため会長を辞されフリーの立場だが、自然保護への志は一寸たりとも揺るがない。その哲学は、人生論や経済、世界情勢にも及び、私の尊敬する大先輩である。90歳になられた今も、山登りもジョギングもされている。

第10章

コモンズの再生・田《た》結《い》地区の挑戦

—2006年〜現在

稲作の消えた田結地区

豊岡市の北端にある田結地区は、日本海に面した約50世帯の集落だ。民家の裏は山と農地、前には海が迫っており、古くから半農半漁の生活が連綿と営まれてきた。しかし戦後の高度経済成長の波がこの村にも及んでからは、現金収入を求めてサラリーマンになる人が主流となっていった。土地改良による農業の近代化を図ろうとされたが、小規模区画の棚田では採算が合わず断念。漁業は沿岸で丸子船を操る程度と、次第に伝統的な生活様式が維持できなくなり、耕作や漁を断念する家が増え、過疎化と共に村の中はどこかしらに閉塞感が漂うようになった。

2006（平成18）年、最後まで稲作を行っていた2軒がこの年を最後に断念され、ついに稲作農業は田結地区から消えてしまった。

2008（平成20）年4月下旬、静かな谷あいに1羽のコウノトリが舞い降りてきた。約3・5キロメートル南のハチゴロウの戸島湿地で初営巣していた親鳥だ。ヒナに食べさせる餌を求めてやってきたのだ。コウノトリにとっては「餌場の一つを見つけただけ」だったかもしれないが、集落の人々にとっては大きな出来事だった。コウノトリの飛来は、人々の心に希望の灯をともしたのだ。

忘れもしない4月30日、「コウノトリが田結地区に飛来しているらしい」との情報をキャッチした私は、ハチゴロウを撮り続けていた荒川秀夫さんを誘って駆けつけた。ちょうど市役所を退職した直後で時間もあったので。

コウノトリは谷の中間部で採餌していたが、私たち2人の姿を嫌がりさらに奥に移動してしまう。そこは谷の最奥部にもかかわらず明るく開けた地で、字名《あざ》は「カヤノ（「茅を刈る場」の意か?）」。もう20年以上も前に耕作放棄された田んぼ地帯である。長いこと人の手が入っていないのに荒廃までには至らず、全体が落ち着いた雰囲気を保っている。そして静寂。真ん中に細い道がまっすぐに伸びており、東山魁夷さんの絵画「道」のイメージが重なった。絵のような風景の中で立つコウノトリは、まさに輝いていた。

数日後、改めて周囲を見ると、全体が緩やかな傾斜地なので田んぼの畦は崩れ、水路も形をなしていない。漏水がひどいため、田んぼに十分水が溜まることがない。山からの水は田んぼに入らず、直接川へ流れてしまっている。草地やわずかな湛水箇所を覗いても生きものの姿は少ない。

「良い環境なのに、もったいない。少しでも湛水できればもっと餌生物が増えるだろうに」

コウノトリがこれからも継続して舞い降りるには、生物の観点から手を掛けて修復する必要を感じた。コウノトリは、その後も夫婦が入れ替わりやって来ては餌を獲り、憩い、空を舞っている。狭い幅の、しかも管理がほとんどなされていない放棄田に、どうしてコウノトリが継続して舞い降りるのか。「餌が獲れるだけ」ではないのではないか。私は、この空間を「居心地がいい」と感じているからだろうと考えた。

コウノトリの飛来で地域が変わるか？

「コウノトリが放鳥されていることは知っていたけど、何でまた、この田結に？」「ここは海岸沿いだし、田んぼは耕作されずに荒れているし」

出勤する家の玄関から、最初にコウノトリの飛来を見た地区協議員の一人、森田進さんの感想だ。だがしばらくして少し落ち着くと、こう思ったそうだ。「よう、田結に来てくれた」と。

地区内にある西光寺の日野西直子さんは、田んぼのコウノトリを見て、とっさにこう思ったと言う。

「この子（コウノトリ）が、村の人に何かしてくれるのではないか。何かが変わるのでは…、と思ったんです。田んぼを誰もつくらなくなって、この谷に入る人もわずかになっていました。数年前まではお寺の横の道を通って、弁当を持って奥の田んぼや畑に行かれる家もありました。田んぼは山の奥で遠いので、行ったら夕方まで帰って来られないんです」

「だけど山の奥から帰るとき、誰も手ぶらではなかった。野菜や薪など、家で使えるものを何か持って帰られていた。ともかく村の人、とくに女性はほんとによく働いていました。とても苦労しながら、代々受け継いできた農地を守っておられて。それだけに田んぼをやめるときは罪悪感もあったと思うんです」

「だけどコウノトリが舞い降りたとき、これでみんな報われたというのか先祖が許してくれるんじゃないかなと思ったんです。はっきりとしたことは何も言えないんですが…」

荒廃田んぼを湿地として再生させる

5月、区長の清水政幸さんに村内での作業許可をもらい、コウノトリ湿地ネットの数人で田んぼの漏水防止と、荒れた箇所には小さな池を一つ掘ってみた。その後も何度か、土地が乾燥してしまうのを防ぐため、少人数で漏水を防ぐ作業をした。谷の中間部でも行ってみると、荒廃していた田んぼが湿地のようになり、もうそれだけでうれしくなったものだ。

村の方たちは、私たちが地区内でごそごそ動くことに、誰も文句を言われない。それどころか役員の方たちは、田んぼの地権者によそ者が作業することの承諾を取られるなど、後方支援してくださった。夏になると今度は協議員の方たち自ら、ガマが繁茂している田んぼに入って草刈り作業を実施された。ここは谷の入り口近く、言わば目抜き通りにある田んぼだ。

「当初、湿地ネットから『水を溜めよう』と話があったときは、ピンとこなかった。そんなことをしてどうなるのか、効果もわからなかった」

協議員の感想は概ねこんな感じだった。だが区長は、協議員全員に作業を実施すべきか相談された。

「議題にしたら賛否両論だった。『野生の鳥なんだから、たまたま田結に来ただけで、これから毎年来るのかわからないのに』という意見もあった。コウノトリのファンなんてここには誰もいなかったし。でも最後には『水を溜めよう』に落ち着いた」とのこと。

この結論に至ったのは、みんなが「元々、自然や生きもののことは嫌いではなかった」こと、「誰もが、あのインパクトの強いコウノトリを村の活性化に活用できるのではと薄々感じていた」ことが、底辺にあったと言われる。

決まれば、即実行。確信が持てなくても、いいことだと思えば全員で行動に移される。古くから何でもこんな風にやってきたとか。

田結地区の取り組みは、「もう、稲作を復活させることはできないが…」からスタートしたものだ。生業ではない方法で田んぼの力を引き出していく。現代の経済社会ではきわめて困難かもしれないけど、田結地区の挑戦の要は、コウノトリの力を借りて地域と田んぼの新たな関係を築く人々の姿なのだ。

研究者も夢中にさせる、この地の魅力とは

村の協議員をさらにその気にさせた出来事があった。2008（平成20）年11月、東京大学大学院の鷲谷いづみ教授らが来訪、協議員と話し合われたのだ。市や湿地ネットもここに同席した。

実は4月下旬からたびたび田結を訪れるうちに、この地区の魅力にはまっていった私は、行政、研究者、団体の人たちに「一度、現地に行ってはどう？」とPRしていたのだ。鷲谷教授もその一人だ。現場を訪れ、やはり、この魅力にはまった鷲谷教授は、自身の保全生態学研究室のメンバー数名を連れて来られたのだ。

この席上での鷲谷教授の発言内容は、村の人たちにとってはまったく新しいものだった。

「里山の生態系は、多様性に富んでいるのが本来の姿だ。だからすべてが耕作されなければならないということでもない。ここ、田結地区は多様な低茎植物が生育しており、中には希少種も見える」

「田んぼが明るく管理されているように見えるのは、シカが高茎植物を食べているからではないか。シカやイノシシが歩き回ることで適度な撹乱が起こっており、それが耕耘の効果にもなり、水生生物や低茎植物の生息・生育環境を高めているように思う。結果的に明るく開けた湿地を成立させ、コウノトリの採餌環境をもたらしているのだろう」

「人と自然の関係だけでなく、大型獣と水辺生物の関係なども含めた、様々な生態がまとまっていて興味深い。もうほかではほとんど見られなくなっている。ここは非常に重要な地だ」

自分たちの村、それも放棄してしまった田んぼが「日本の中でも重要だ、素晴らしい」と評価されると「うそーっ、ここが?」とざわめく。この夜の懇談は、協議員全員に強烈なインパクトを与えたものとなった。

コウノトリはというと、村の空気がざわつき出したのを横目にマイペースで飛来して餌を獲り、ハチゴロウの戸島湿地の巣に持ち帰る。悠々たるものだ。

村をあげての湿地づくりへ

翌2009(平成21)年、活動は大きく進展する。コウノトリ湿地ネットが、日本経団連自然保護基金や兵庫県地域活性化基金の助成を受けたこともあって、資材の購入や小型重機の使用が可能になった。

協議員会は、田んぼへの湛水作業を思い切って総日役《そうびやく》(全戸主総出の共同作業)、つまり村の公式行事に位置づけたのだ。

7月12日の当日、戸主全員が集結した。「区長が呼びかければ全員が行動する」。磯崎茂 区長はこともなげに言われる。田結にとってはいつものこと。よそ者である湿地ネットが加わったことだけが、初ものだっただけのようだ。

作業内容はいたって単純。耕作されなくなり、年月とともに雨水と獣に踏み荒らされた棚田の畦が、緩やかな傾斜地となっていた。そこを数カ所、杉板と土で新たな畦（堰）を設け、上流部から順番に（田越しで）湛水していくというものだ。コウノトリの生息環境を考えれば、個人所有の田毎に造成するより、全体の地形に沿って一括で造成する方が効果的だ。ただし「畦を設置する箇所は、田んぼの境界を無視しているけれど…」。本来は双方の地権者が立ち会って境界を確認した後に、境界線上に畦を設置するのが当たり前なのだ。心配。

「大丈夫、事前に地権者の了解は取ってる。ほら、誰も文句言っていないだろ」

「後で揉めなきゃいいけど」と不安ではあった。

その後、カヤノでも湛水化を行った。ここでは板は使わず、重機で棚田状に細く掘ることにした。ここでも掘る場所は土地境界にこだわらず、地形と生物の観点で、湛水しそうな箇所で作業だ。思わず小声で「大丈夫？」と問うと、力強く「大丈夫！」。

作業が終わってみると、山裾に掘った池では特にカエルがにぎやかになった。3月初旬にはニホンアカガエル、ヤマアカガエル、アズマヒキガエルの卵塊で一杯になり、6月にはモリアオガエル卵塊の花が咲いた。この頃から湛水化作業は「湿地づくり」と呼ぶようになった。スコップで造成した小さな池を「弥生田んぼ」とも名づけた。

2013(平成25)年度には、弥生田んぼの小規模ダム化とセットで、雨水をゆっくり流していく流水調整堰を設置。大雨での洪水を少しでも和らげることを意識した。

「2年前にここに入ったときには、水生生物の種数、個体数とも少ないと感じた。しかし今年はすごく増加しているのに驚いている。湛水化が始まって3年が経ち、その効果が出だしたと言える」とは、2011(平成23)年に来られた研究者の弁だ。小さな池はできるだけほかの池とつながるようにした。メダカが孤立せず、分布域を拡大してくれたらありがたい。

様々なステークホルダーの参画

「田結で面白い湿地づくりをしている」とのうわさが広がるにつれ、外部から様々な機関、団体、個人が訪れるようになった。小学生の環境教育にも格好の場所になり、また近畿大学附属豊岡高校の「鸛《とり》」部では自然再生活動を実施している。

◆企業

広島のコンサルティング会社、復建調査設計株式会社は生物調査などでたびたび豊岡に来られている。それだけでなく、餌場づくりの作業にも社長以下、多くの職員がボランティアとしてよく参加されている。田結でも知識と体力をあわせ持つ強力な助っ人として参入。

JX日鉱日石金属株式会社の旧九州石油労働組合の人たちは「鶴見庵」と名づけたコウノトリ観察棟を寄贈。2010（平成22）年からは毎年、都会の親子を募って「ENEOSわくわく生きもの学校」の一行が田結を訪れていた（2017〈平成29〉年で終了）。

2013（平成25）年には、海外からも支援の手が入ってきた。フランスが本社で、飲料水や食品を手がける企業ダノン（Danone S.A.）だ。ラムサール条約事務局が窓口、コウノトリ湿地ネットが受け皿となって、健全な水環境保全のシステムづくりに取り組んだ（〜2014〈平成26〉年度）。

◆行政

豊岡市コウノトリ共生課は日常的に関りを持ち、2011（平成23）年には田結ガイドマップを作成。同年、兵庫県豊岡土木事務所による「おいでコウノトリ、くるな土砂災害」と銘打った治水＋自然再生事業が実施された。メインは、田結川の越流堤化と堰堤の強化だ。豪雨のピーク時に田んぼでの貯水機能を上げて民家への浸水を防ぐと共に、田んぼを湿地化して生物を増やそうとするものだ。協議員によると、その年の台風で早速に（湿地づくりと合わせて）効果が発揮された感じがする、とのこと。コウノトリは湛水箇所でたびたび採餌している。

兵庫県みどり公社は里山整備事業により、八十八カ所巡り大師道の整備・補修の実施。展望台も設けられた。

◆研究者

鷲谷教授たちは、２００９（平成21）と２０１０（平成22）年、田結を東京大学と国連大学との共同による「日本・アジアSATOYAMAイニシアティブ」（環境省）の研究フィールドとされた。研究者、学生たちによる現地調査、村人との交流、研究発表で村中が学術ムードに染まったものだった。２０１１（平成23）～２０１４（平成26）年は鷲谷研究室の現地研修会と学生のインターンシップとして開催された。

兵庫県立大の三橋弘宗 研究員は水辺の自然再生への科学的アプローチを、東邦大学の西廣淳准教授（現国立環境研究所）は湿地性の植物生態と湿地の健康診断を、近畿大学の細谷和海名誉教授はドジョウやメダカの生息環境づくりを、それぞれ指導・助言されているし、金沢大学の菊地直樹教授（元コウノトリの郷公園研究員）は、環境社会学の立場で住民への聞き取りなどを実施された。

案ガールズの誕生

田結を訪れる人が多くなったことを受け、「そろそろ市役所や湿地ネットに頼らず、地元の者で対応しよう」と、2011（平成23）年春、ガイド養成へのチャレンジが始まった。メンバーは14人の地元の主婦の面々で、3月には正式にガイドグループ「案ガールズ」を結成。その平均年齢から「ガールズ⁉」との声を横目に熱心に学び、作業し、ガイドされている。

「案ガールズで勉強するうち、田結の魅力を再認識できた。植物とか生きもののことはほとんど知らなかったので、とても新鮮な気持ちになる」

「婦人会の組織がなくなってしまったので、案ガールズがその代替のようになれば、女性同士で日常の話や情報交換など交流の場になる」

とは、案ガールズメンバーの弁。

集落の裏にある田んぼ地帯は、稲作をやめれば用がなくなり、誰も行かなくなり、やがて荒廃の一途へ向かうのが通常だが、案ガールズとしてたびたび来訪者を案内すると、生物にも関心が増し、自分の村を誇りをもって説明する。より一層「ふるさと」への愛着が深くなっていく。

今ではコウノトリの観察に加え、毎春のアカガエル卵塊調査、在来のオオアカウキクサ保護、外来種のダンドボロギク駆除、自分の田んぼでのビオトープづくり、そして毎月1回の湿地修復作業を、精力的にこなされている。ただし課題はここでも、高齢化だ。代表の島崎百合子さんがとても元気な方なので、活動は活発なように見えるが、湿地の中、いや農道を歩くだけで精いっぱいの方もおられる。それに誰もが平等に一つずつ年をとられていく。

現在も湿地づくり総日役は続いているし、視察やボランティアも訪れる。でも内実はしんどいのではないかと危惧する。近年は世代交代も激しくなり、コウノトリが初飛来したときの協議員は誰もおられない。当初のインパクトを持続させることは至難の業だ。

湿地づくりの勢いが尻すぼみの感になってきた2022（令和4）年、打開策の一つとして地区主催で人工巣塔を建てられた。どっこい「コウノトリを迎えたい」との思いは生きている。2023（令和5）年夏、その思いに応えるようにコウノトリがとまりだした。来年こそは…。

田結地区の「コモンズ」が提起するもの

ここで「コモンズ」の視点から、村人たちの語りを見てみよう。

「春が来たら、一番目は山の畑に植えた柳の刈り取り。柳ごうり業者(豊岡は古くから産地として有名で、現在は鞄製造に引き継がれている)が買いに来た。4反ほどだったが、刈るときは親戚に手伝ってもらった」

「畑も譲り(ユズリ)の場所だ。自分が開拓したのではない。先代から引き継いで自分がつくらせてもらっている。だから、弁当持ちで働いた」

「田んぼの1戸当たりの平均は2反前後だったが、みんな棚田で、50数区画もあった。よその棚田はきれいだけど、ここのは山が急だし畦に使う土の確保にも苦労した」

「田んぼの水は上の(田んぼの)人から順番に(田越しで)入れるルールだ。田植えは村内の親戚が集まって、順番に各家の田んぼを植えていった。農器具もモヤコ(共同)で買うし、水路はもちろん、どこかの田が崩れるとほかの田に影響するので、作業は手伝い合う」

「海では、冬は岩海苔採り。丸小舟を1軒に1艘持っていて、3~4月は藻採りをして畑の肥料に使った。上流から流れ着いたごみも拾って肥料にしていた。テングサは7月まで。サザエやアワビは1年中採れた」

「4月中旬からはワカメ採りで忙しくなる。合図で一斉に海に出る。採る場所は自由だけど、干す場所はクジで決めた」

「雨の日は田んぼ、天気なら海」という半農半漁を中心にしながら、炭焼き、山菜採りや薪採り、冬期のワラ草履づくりなどもされていた。冬には土方や杜氏に行く人もあったようだ。「それぞれが何でもやった」し「何でもお金にする」。周囲の多様な資源を利用して自家消費し、現金も得る。したたかでつつましく、謙虚で強靭。「つくらせてもらっている」との思いが基底にあるように感じた。

作業はみんな手仕事。刈り入れどきは一斉なので、共同でやらねば間に合わない。道も水路も、田んぼも海も、そこが個人所有地であろうが公有地であろうが、共同で管理することで維持されてきた。山や海の幸も、商品として仕上げたり売りに行ったり、後の仕事が大変なので「たくさん採っても仕方ない」と、自分たちの身の丈にみ合った量を採集されていた。こうした住民の営みの中で、生きもののいのちも循環し、つないでいくことができたのである。

「みんな忙しく動いていたので、村の者なら山も海もどこでも入れるよう、自然と制度ができた」

個人所有地についても一定の決まりが設けられた。誰かが村から転出する場合は、自分の財産を村の人に（競りで）売却することが、昭和30年代まで義務づけられていたそうだ。そのため「今でも、村内のほとんどの土地は地元の者が持っている」とのこと。だから、外の人間が村の中で事業を展開することは難しく、かつてゴルフ場の話が舞い込んだ折も、難なく断れたのだと。協議員の一人は「先人は偉かった」と述懐される。

しかしこの田結スタイルは、高度経済成長が顕著となる昭和30年代後半には、徐々に崩れていく。大量生産、大量消費、大量廃棄の波はこの小さな村にも及び、生活費が様々に要るようになってきた。「これからは百姓ではあかんで。勤め人でないと」と、現金収入を村の外に求め、若者たちはみんなサラリーマンになっていった。

「1966（昭和41）年から城崎温泉の旅館に働きに行った。あの頃は、村中の女性が行った」

「朝、ひと仕事してから職場に行き、旅館の合間に帰って田や畑仕事をし、また旅館に帰った」

「みんながするから、しんどいとは思わなかった」

当時、全国的に観光が盛んになり、城崎温泉や日和山遊園ではホテルや旅館が大型化されていった。女性の働き手の需要が一気に増した時代だ。

元々小規模な田んぼのところに、1971（昭和46）年から始まった減反政策や、圃場整備を基本にした農業近代化へ転換できなかったことなどが要因となり、耕作する人が減りだした。

田んぼの給水は、上の田んぼから順番に落とす。その中の誰かが稲作をやめると、給水経路を変えねばならない。手伝い合うことで成り立っていたので、一角が放棄されると周辺全体に影響が及ぶ。やがて「自分の家だけ続けていたら、手伝ってもらうばかりになって気が重い」。「見る見るうちに稲作をやめていきだした」。

最後に追い打ちをかけたのが、イノシシ、シカによる獣害だ。それによる米の収穫は1／3になったそうだ。夜通し火を焚いて番（監視）する人もあったが敵わず、2006（平成18）年、残った2軒がこの年を最後に断念され、田結の稲作は幕を閉じたのである。

「田んぼをやめるときは、すごく勇気がいった。小さな田んぼを広くするための苦労話をよく聞いていたので」（50代主婦）

「田結で田んぼをつくれるようにされた先祖に申し訳ない」（80代男性）

高齢の方は一様に「先祖に申し訳ない」と口にされる。そして「耕作しなくなってからも、田んぼはきれいにしておきたいから、1年に2回は草刈していた」ともおっしゃる。

一方で「やめるとき、これからは『米を買う』意識になるのかと怖かったが、今では『何と楽か』と…」との声も。

収入源を外に求めるようになると、若者は都会に流出し、中には住居を市街地に移して暮らす家も目立つようになった。こうして大正期には80数軒を数えた村は、いつしか50数軒にまで減り過疎地区になっていた。高齢化が進み、子どもの声も聞こえない。

情報化社会になったことも、村の行政を不安定にさせたようだ。「昔は、自分の村は自分らで守らねばという意識があったが、若い人は『ほかの地区ではこんな風にやっている』と主張する。『もう

少し待ってくれ。大胆に変えず、少しずつ…』と言っているんだが…」（60代協議員）

村の将来像が描けず、いろいろな面で不安だったところに、コウノトリが飛んできたのである。日野西さんが舞い降りた姿を見た瞬間、「何かが変わるのではないか」「コウノトリが何かしてくれるのではないか」と感じたのは、単に村の中に閉塞感が漂っていたからだけでなく、人々の中に、耕作放棄したことを「申し訳ない」と思う誠実さと、「もったいない」とする意欲を感じ取っていたからだろう。

コウノトリは再生の起爆剤になれたのか

コウノトリの登場で、再び住民の目は田んぼに向けられた。そしていまだにコモンズの視点が生きていたこともあって、田んぼでの共同作業はスムーズに進み、「個人所有地の共同管理」へと移行していった。いくら田んぼを稲作に使っておらず、今後も経済効果を生むとは思えないとしても、ほかの地区と比べるときわめて異例なケースだ。

では湿地づくりに私たちよそ者が参加することは、どう感じられているのだろう。みなさん異口同音に「いいことだと思う」「ありがたい」と、反対の声は聞こえない。ステークホルダーとなる多様な人が村に入ってくることにも「交流人口が増えて活性化する」「視野が広くなるのでいいことだ」「村の宣伝にもなる」と好意的だ。

田結地区住民の願いは「ずっと先の世代まで村が続くこと」。それには「経済は生まないが豊かなもの」を、コウノトリの力を借りた「現代版コモンズ」として展開できるかにかかっている。

この村に生まれ、長年半農半漁を営まれてきた80代の男性は、多様なよそ者が入ってくる現在の村の動きを「急カーブで進んでいるので、安定できるのか」と一抹の不安を感じながらも、「村の結束はなくならない。大丈夫だ」と太鼓判を押される。そして「この村がどう変わっていくかを見てみたい。長生きしたいと思うようになった」とも。

「田結では生きものが厳かに生きている」と鷲谷教授が表現されたことがある。70代の女性が「主人は、農作業で気づかずにカエルを切ってしまうと、よく『許してくれ』と謝っていた」と話されるのも、日野西さんが「コウノトリさんが来てくれました」と報告されるのも、おそらく田結の住民が古くから自然の中で、分け隔てなく暮らしてきた生活史から、自然と出てきたものなのだろう。生きものにとって、居心地が悪いはずはない。田結の将来像はまだまだ途上ではあるけれど。

放棄田をコウノトリの餌場にする取り組みは、豊岡市日高町伊府地区でも行われている(伊府湿地)。

地元有志の「ヒロちゃんクラブ」（成田保 代表）で、私たちや行政・企業も作業に参画し、子どもたちの教育の場にもなっている。

さらに、2022（令和4）年から香美町香住区でも放棄田の餌場づくりが始まった。日本コウノトリの会の会員である、濵本士朗・和美夫妻が主体で、香住高校の生徒たちが作業・調査で参加している。

※本章は、コウノトリ湿地ネット発行の小冊子「豊岡市田結地区の挑戦」（2012年3月31日発行）を再構成したものです。

第11章

地域から世界へ

―羽ばたくコウノトリ

数が増えたコウノトリはどこへ行く?

コウノトリがどうにかこうにか、野外で暮らせるようになると、今度は「渡り鳥としてのコウノトリ」の性質を視野に入れることが必要になってくる。この章では、渡りか、定着か? の狭間で揺れ動く我々が行ってきたことを、いくつか挙げていこう。

飼育下では独身個体を夫婦にさせること（ペアリング）が難しかったので、当初、野外ではさらに困難なのではと見ていた。だが予想を裏切り放鳥の2年後、2007（平成19）年には百合地地区の人工巣塔でペア成立となり、1羽のヒナを孵化・巣立ちさせた。野外での繁殖は豊岡では48年ぶり（国内では福井県小浜市が最後で43年ぶり）のできごとなので、それはもう市民も行政も大フィーバーだった。翌年にはハチゴロウの戸島湿地をはじめ、伊豆、福田、野上地区の巣塔でもペアができて、あっという間に5ペアになった。事前に、コウノトリファンクラブ、企業・団体の寄贈、個人で建てられた人工巣塔たちが大いなる効果を発揮したのである。巣立ったヒナたちは順次親のテリトリー外に出ていく。巣立ったヒナたちは順次親のテリトリー外に出ていく。

ただし「出ていく」と言っても、ほとんどは豊岡市域であった。徐々に隣町の養父市や京都府京丹後市にも数羽が行ったり戻ったり。彼らにとっては行政区など意味がなく、一つの区域なのだろう。遠出する者もいたがまた帰ってくる。このようにして、豊岡を基本に暮らす者は2009（平成21）年には37羽になった。

コウノトリはもともと渡り鳥なので、巣立ち後の若鳥は遠くに飛び去るのでは？　との危惧は、これでなくなったか。

「初めて市外に出るには外に仲間もいないし、環境もできていないのだから、初期はこんなものだろう」「市内で数が増えるうちに窮屈になり、少しずつ出ていくさ」との冷静な声が聞こえてはいたが、私にはとまどいがあった。生息地を外に拡大していくべきだろうが、野生復帰の受け皿づくりを行っているのは豊岡だけなので、外に飛んで行っても定着はできないのではないかという心配と、その実「豊岡市内に留まってほしい」との希望だ。市役所を辞めた後も、まだ豊岡市を最優先する癖（エゴ）が消えない。しかし、そろそろ人間の思惑を離れて、長距離を飛翔する渡り鳥の視点で考えることが必要ではないかと気になりだした。

渡りと定着化を考える学習・討論会を開催

2010（平成22）年1月9日、コウノトリ湿地ネット主催で「コウノトリの渡りと定着化について考える学習・討論会」を、研究者を招いて開催してみた。

メインゲストは、東京大学大学院の樋口広芳 教授。以前、ロシア、中国の研究者たちと共同で、ロシア―中国間の渡りルートを解明された論文を読んだことがあったので、その詳細をお話いただいた。タイトルは「東アジアにおけるコウノトリの渡り」。概要は次のようだった。

- ロシアのコウノトリは、アムール川流域を南下し黄河の河口付近（ここの保全がきわめて重要）に立ち寄って揚子江の中流域まで、片道2500キロメートル前後を移動する。
- ロシアの生息地は別段、環境の悪化は感じないにもかかわらず生息数が増えないのは、繁殖地以外の地で問題があるのではないか。

- 渡りは8月下旬頃から、少しずつ点々と動いていく。ツルは1カ月くらいで渡るが、コウノトリは3カ月かけて渡る。したがって、コウノトリの保護には渡りルート全体をネットワーク化することが大切になってくる。それぞれの場所でどんな問題が生じているか、解決するにはどうすべきか、という視点に立って考えていこう。
- 豊岡のコウノトリもこれから渡りを始めるだろうが、行った先々でどんな問題に遭遇するのかが課題だ。
- 渡り鳥を対象とした保全は、地域の問題であると同時に地球規模の問題である。今は豊岡のコウノトリを中心に考えていればいいが、成功すればするほど、地域、日本全体、海外を含めた保全を考えねばならない。

「成功すればするほど課題は多くなっていく」。まさに、かつてハイデルベルグのトーマス副市長が言われた「コウノトリ野生復帰は坂を転がる雪だるま」だ。

野生動物救護獣医師協会で、現在は日本コウノトリの会の役員でもある箕輪多津男さんからは「個体の野生化過程について」考え方を述べてもらった。実は当時、コウノトリの郷公園の研究者は「飼育下の個体は放鳥した時点で即野生個体となり、無主物となる。したがって人間は野生個体に手を

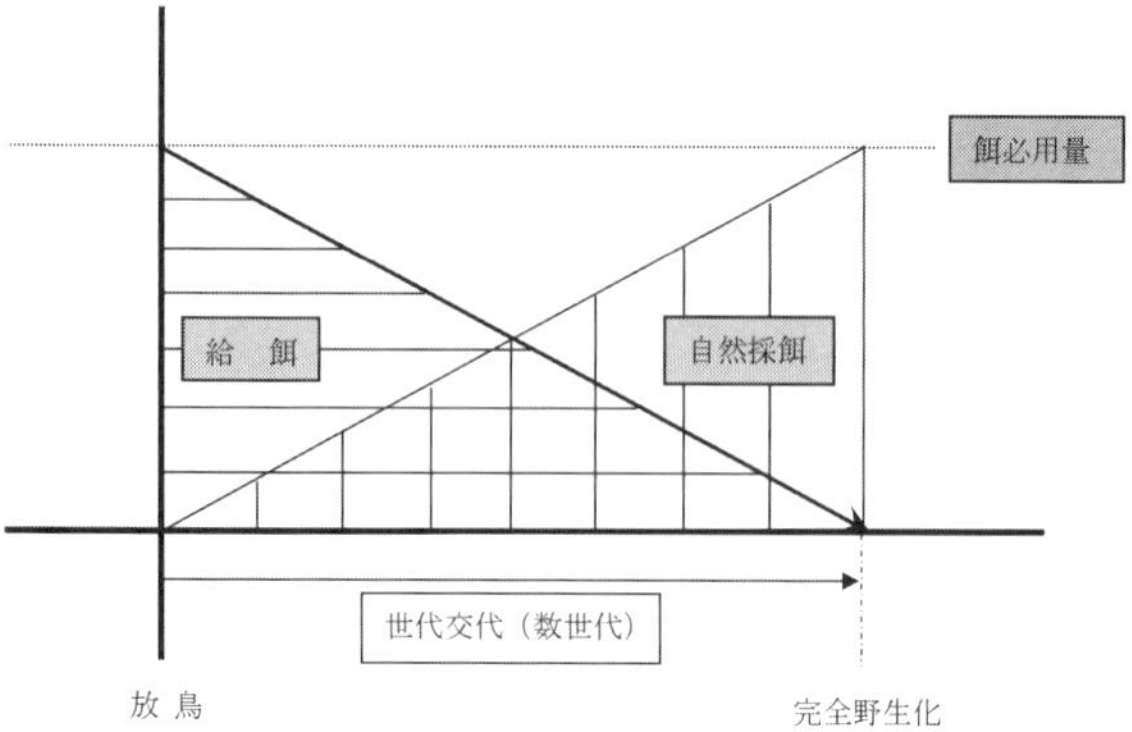

図 11-1　放鳥から完全野生化までの給餌に関するイメージ
飼育個体が野生復帰（完全野生化）するほど、自然採餌による餌の割合が増えてくる。「放鳥」即、「野生化」ではない（箕輪多津男氏作成）

出してはならない」と主張しており、「いきなり自立しろと言うのは酷で、野生復帰は長いスパンが必要。環境整備と共に個体の状況を見ながら支援していくべきだ」とする私たちと対立していた。初期の給餌などでも同じ対立があったので、この問題についても触れてもらった。

- 飼育下の個体を放鳥して野生の状態へ移行させる試みは、野外での繁殖により世代交代していくことが絶対条件である。個体レベルの野生復帰ではない。
- だから、野生復帰を飼育個体から始める場合はきわめて人為的な事業であり、それを支えているものは人々の強い意志（決意）だと思う。
- 最初から自然に任せるのであれば、そもそも野生化することがナンセンスになってくる。

- 野生として蘇らせたいというのは人工的な庇護であり、定着のために人工巣塔を建てるとか給餌をすることは「愛」だと思う。逆に、そういうことをしなければ達成できないだろう。段階ごとの目的を明確化し、失敗したら直していきながら完全野生化に迫っていくことだ。

彼は後日、飼育個体が野生化していく過程と人の関り度合いを、非常にわかりやすいグラフで表現してくれた（図11-1）。

コウノトリの郷公園の大迫義人 主任研究員からは、「野生復帰の現状と課題―個体の移動と分散状況―」を報告してもらった。「コウノトリと付き合ってみると、ほかの鳥とはずいぶん勝手が違う」と言われる。

- 2005（平成17）年の初放鳥以降、豊岡を1日以上離れた個体は、オス6羽、メス7羽の計13羽（全37羽中）となっている。中には、500数キロメートル移動して戻ってきた者もいる（個体の行動が具体的にわかるのは、それぞれに足環が付いているため）。
- 遠出する時期は8、9、10月で、幼鳥は早い時期にも出て行く。
- 数が増えるのに伴って死亡するケースも増えている。原因は、感電、交通事故、骨折、衰弱・溺死である。
- 野生個体群の確立に向けた今後の課題は「①豊岡盆地での（繁殖地としての）定着の促進」「②繁

殖4・5羽／年、死亡1・4羽／年という実績をキープすれば、個体群のサイズは徐々に拡大するので、これを維持する」「③分布の拡大」「④遺伝的多様性を図る」ことである。最後に「今後、放鳥・野外繁殖個体は（全国の）気に入った所で定着することもあるだろう」と述べられた。

この学習会は、視点を豊岡から外にも向けていく最初の集まりで、意義はあったと感じている。

「コウノトリ野生復帰グランドデザイン」の目的とこれから

コウノトリの郷公園（山岸哲 園長）は、2011（平成23）年8月、江崎保男 研究部長を中心とした研究者によって作成された「コウノトリ野生復帰グランドデザイン」を発表された。

そこでは、2003（平成15）年3月に策定された「コウノトリ野生復帰推進計画」に基づき、2005（平成17）年から試験放鳥が実施された経緯を踏まえ、その間で得られたことを検証している。さらに「これからの本格的野生復帰を目指した短・中期計画と野生復帰の最終ゴールを提示」され、科学的論理的な野生復帰の道筋がわかりやすく描かれている。詳細は、サイトに公開されている文書（https://satokouen.jp/downloads/grand_design.pdf）があるので、ここでは中期目標となる「野

中期目標「国内のメタ個体群（※）構造の構築」
安定した但馬地域個体群＋県内の他地域、県外の繁殖個体群が一つ以上確立されること。 ※メタ個体群とは「断続的な遺伝交流を行いながら存続する空間的に独立した複数の個体群から構成された全体」。例えば、豊岡個体群に別の個体群から分散個体が加わることで、当該個体群の遺伝的多様性が高まるとともに、種の遺伝的一体性が保たれ、生物種は安定して維持されること。

野生復帰のゴール
①安定したメタ個体群の確立：国内でメタ個体群構造が確立されれば、ロシアなど国外個体群との断続的な遺伝子交流がコウノトリによって自然に成し遂げられ、国内外のメタ個体群構造が確立する。 ②コウノトリと共生する持続可能な地域社会の実現 ③コウノトリが普通種になること

図 11-2 「コウノトリ野生復帰グランドデザイン」のゴール像

生復帰のゴール」について要点を記したい（図11－2）。

問題は、このゴールに向かって誰が統括し、実践するかである。このグランドデザインには、残念ながら主語が欠けている。2003（平成15）年の「コウノトリ野生復帰推進計画」の策定主体である兵庫県但馬県民局の対象地域は3市2町だし、コウノトリの郷公園の効力は兵庫県内に留まる。それ以外の地域、全国展開の統括をできるのは誰か？　基本は国だと思うが、現状では文化庁も環境省も「その任にあらず」と。では各自治体に委ねるべきなのか？

野生復帰と、それに伴う人と自然が共生する地域の創造は、既存の制度・組織から脱皮した新しい枠組みが求められる。国家としての戦略が必要と痛感している。

悩みを全国で分かち合う「日本コウノトリの会」発足

豊岡での放鳥と野外繁殖による若鳥たちが徐々に市外に飛び出るようになると、どこのまちでも熱心なコウノトリファンが出現した。そのうち「このまちでもコウノトリを保護すべき」とか「コウノトリ飛来を機に環境型まちづくりを進めるべき」などの声があがりだす。しかし、コウノトリは人間の受け入れ準備など考慮してくれない。準備が整っていようがいまいが、環境型のまちに転換する気があろうとなかろうと、我関せずとばかりにせっせと電柱で巣づくりする。声をあげた人たちはやきもきし、コウノトリの郷公園か、豊岡市コウノトリ共生課、あるいは私たちコウノトリ湿地ネットに連絡される。

2010（平成22）年10月「第4回コウノトリ未来・国際かいぎ」の合間を利用して、交流会を開催してみた。各地での取り組み報告、情報共有、悩み相談が主だ。以来、何度か開催を重ねるうちに参加対象が広がっていった。

ハチゴロウの戸島湿地にはしょっちゅう各地の情報や悩み事などが入ってくるようになったので、「そろそろ日常的にネットワークできる全国組織が必要ではないか」と思うようになった。

そこで2016（平成28）年8月30日、コウノトリ湿地ネットの役員とコウノトリ飛来先の方などが集まり、「日本コウノトリの会」を結成することを決定した。そして思い切って、決定即日、会を発足。このときの参加者は、豊岡市以外では兵庫県加古川市、京都府京丹後市、亀岡市、福井県越前市、徳島県鳴門市からだった。活動内容は、野生復帰の普及啓発、情報の共有と発信、人工巣塔の設置などである。代表は私、副会長は恒本明勇さん（越前市、水辺と生き物を守る農家と市民の会）、事務局長には森薫さん（ハチゴロウの戸島湿地）が就任した。

住民のリアルタイム情報を分析「コウノトリ市民科学」

各地での飛来情報が日に日に増え、私たちも京都府北部、福井県、島根県、徳島県、香川県と飛来先へ出向くようになってきた2017（平成29）年、東京大学から中央大学に移られた鷲谷いづみ教授から「市民による目撃情報の収集を科学的にやってみないか」と呼びかけられた。鷲谷教授には、東京大学大学院におられた頃から様々に指導いただいており、2011（平成23）～2013（平成25）年には「豊岡市生物多様性地域戦略策定委員会」の委員長にも就任いただいている（ちなみに副委員長は私）。鷲谷教授からの呼びかけはこうだった。

・市民が主体となって専門家と協働し、自然界の理解と適切な管理に役立つデータを収集・分類・分析する「市民科学」というものがある。コウノトリを対象にやってみてはどうか。
・ほかの市民科学プログラムは「種」を対象としたものだが、今回は足環が装着されているので「個体」が識別できる。その行動に関する科学的データを得て、野生復帰に役立ててみてはどうか（現在、足環のカラーリングは、コウノトリの郷公園が中核となり関係動物園、自治体で構成される「コウノトリの個体群管理に関する機関・施設間パネル〈IPPM－OWS〉」が装着・管理されている）。
・対象を「個体」とすることで、パーソナリティ（個性）の把握にもなる。これを研究者との対面型で行い、コウノトリ（自然）との共生に役立てよう。

日頃から「コウノトリの生息は人里が舞台だから、そこに住む市民がコウノトリを身近で目撃することが大事。多くの住民がリアルタイムで観察すれば、一握りの研究者の観察より詳細になる」と、コウノトリ湿地ネットで目撃情報を収集・公開していたので、この呼びかけは大歓迎だった。しかも集まったデータは、東京大学が地球観測研究などに使うデータ解析システム「DIAS」を活用して集積・分析されるという。アプリを開発することなど到底不可能な私たちにとって、一気に知見がレベルアップする。

2018（平成30）年3月26日、東京大学地球観測データ統融合連携研究機構、東京大学喜連川優

研究室、中央大学保全生態学研究室、そして日本コウノトリの会の4者で「覚書」を締結し、「コウノトリ市民科学」をスタートさせた。寄せられた情報は、事務局の森薫さんと永瀬倖大さん、相見知江さん(2021〈令和3〉年度は福井県の古木治美さん)が交代で、その日のうちに個体番号などをチェックして東大に送り、安川雅紀さんと服部純子さんによりデータ処理されて、即サイト「コウノトリ市民科学」(https://stork.diasjp.net)で公開している。

年間の情報分析は、東京大学保全生態学研究室OGの大坂真希さんなどがまとめる。登録調査員470名、寄せられた情報は合計9万3600件にもなる(2023〈令和5〉年6月1日現在)。個体の移動経路や、飛来地の環境特性などの解明にも力を発揮している。

日本、そして世界のコウノトリの現状

コウノトリが各地へ飛翔しだして数年経った2018年(平成30)頃には、北は北海道から南は宮古島まで、全国48都道府県すべてで確認されるようになった。中には長期滞在する個体も出現し、繁殖に至るケースも年々増えていく。今日までの状況をまとめておこう。

◆豊岡市周辺

兵庫県は、但馬管内にコウノトリの拠点を拡大するため、2012(平成24)年、養父市八鹿町伊佐地区と朝来市山東町三保地区に飼育施設を設け、翌年から放鳥が実施された。現在、両市とも人工巣塔による繁殖が成功している。ちなみに豊岡市内の人工巣塔は、2023(令和5)年現在、27基設置され、うち18基で営巣している(営巣率66・6%)。

豊岡市の隣にある京都府京丹後市では、2013(平成25)年、久美浜町永留地区で民間設置の人工巣塔で繁殖して以来、同町市場、網野町島津地区で繁殖している。

◆福井県全域

福井県は、コウノトリにとって歴史的にも重要な地である(戦後の福井県でのコウノトリと保護活動については、『帰らぬつばさ―ほろびゆくコウノトリの挽歌』(林武雄、ぎょうせい、1989年)に詳しい)。

市民活動としては、飼育開始当初から飼育コウノトリの安全確認のため、地元市民による「コウノトリ見守り隊」(現代表の野村みゆきさんは、日本コウノトリの会当初からの会員)が結成され、ケージ周辺の巡回をされている。また2006(平成18)年結成の「水辺と生き物を守る農家と市民の会」も、積極的にコウノトリ保護と環境型農業を実践されている。福井県では今後も、コウノトリ営巣地が

表 11-1　福井県でのコウノトリの歴史

年	できごと
1961 (昭和36)年	小浜市国富地区で、国内の野生コウノトリが最後の繁殖。ヒナ2羽巣立ち。昭和30年代には越前市(旧武生市)でも営巣確認
1971 (昭和46)年	クチバシが折れたコウノトリを保護し、豊岡のコウノトリ飼育場に移送。豊岡で「武生」と名付けられた彼女は、1990(平成2)年にペアを形成し、子孫を残し、40歳という最長寿で人生を全うした
2011 (平成23)年	「福井でもう一度」と越前市白山地区に完成した飼育施設へコウノトリの郷公園からペアが贈られる
2014 (平成26)年	ヒナ3羽の孵化に成功
2015 (平成27)年	10月に2羽を放鳥。2016(平成28)年、2017(平成29)年にも放鳥されたが、放鳥個体は地元で定着・繁殖とはならなかった(※) (※)コウノトリはテリトリーの強い鳥である。巣立ち後のヒナは親のテリトリー外に追い出される。子どもが親の近くで営巣しようとすれば、親子間で激しい争いが展開されることが豊岡で実証された
2019 (平成31)年	坂井市の電柱で豊岡生まれのペアが営巣・繁殖し、ヒナ4羽が巣立つ。福井県で実に58年ぶりであった
	越前市安養寺町の人工巣塔で初繁殖。父親は2015(平成27)年の放鳥個体で、数年後に帰って来て生まれた場所(親のテリトリー)の近くで繁殖するというケース
2021 (令和3)年	越前市坂口地区の人工巣塔で繁殖が成功。父親は1971(昭和46)年に保護された「クチバシの折れたコウノトリ」のひ孫
	小浜市にもコウノトリが帰ってくる。設置された人工巣塔で初繁殖
2022 (令和4)年	鯖江市の人工巣塔で初繁殖

増えていくだろう。農家、市民、行政連携によるますますの活動が期待される（表11－1）。

◆千葉県野田市

「コウノトリが舞う田園を取り戻したい」と野田市は2012（平成24）年、多摩動物公園からペアを譲り受け、「こうのとりの里」を整備して、飼育事業が始まった。場所は市内の江川地区。湿地と雑木林が連なる自然豊かなところだ。運営は、市から委託を受けた野田自然共生ファームが担う。飼育下での繁殖が成功し、2015（平成27）年から試験放鳥も始まった。2020（令和2）年には、2016（平成28）年生まれのメス・歌が、鳴門市から飛来したオス・ひかると、栃木県小山市の渡良瀬遊水地内の人工巣塔でペアを形成し、関東初の繁殖となった。

2010（平成22）年、関東地方でのコウノトリ・トキの生息を目指し、関東27の自治体の首長で構成される「コウノトリ・トキの舞う関東自治体フォーラム」が設立され、その一員でもある。

◆徳島県鳴門市

2015（平成27）年、鳴門市の電柱で豊岡市からのメスと朝来市からのオスがペアになり、2017（平成29）年3月、3羽のヒナを孵化、巣立ちさせた。繁殖地一帯は常時湛水のレンコン畑で、旧太田川が流れており、湿地環境つまり餌生物に恵まれている。また電柱での感電死防止のため、電線迂回路も設けられた。以降は毎年繁殖している。

2019（平成31）年には、行政、農業団体、大学、野鳥関係団体などから成る「コウノトリ定着推進連絡協議会」の一員として、「特定非営利活動法人とくしまコウノトリ基金」が設立され、営巣場所やビオトープの設置・管理、農業支援、環境教育、情報発信などを展開している。

◆島根県雲南市

出雲市の南に位置する雲南市は、豊かな山あり谷ありの田園地帯を斐伊川などが流れ、民家の屋根は赤瓦。最初に訪れたとき、その景観にうっとりした。一見して「そりゃコウノトリも暮らすだろうさ」と思った。

2017（平成29）年4月、市内大東町の電柱で2羽が営巣しヒナ4羽が孵化。オス・げんきは福井県越前市から、メスは我がハチゴロウの戸島湿地からやってきた個体だ。順調にヒナを育てていたところ、5月20日、田んぼで採餌中のメスがサギと間違えられて射殺されるという事件が起きてしまった。

コウノトリの子育ては夫婦が交代で餌を捕りに行き、ヒナを抱く。片親だけで育てるのは不可能なため、コウノトリの郷公園がヒナを保護し、後に大東町地内で放鳥した。この一連の状況は全国の人々に悲しみと非難、そして父親とヒナへのエールとなった。その報に接した私たちはすかさず行動。地元の春殖《はるえ》地区振興協議会と協議し、同年11月に大東町地内の市立西小学校の一角に人工巣塔を設置した。

2019（平成31）年春、この巣塔でオス・げんきが新たなメスを迎え入れ、ぶじ繁殖。メスは韓国帰りでポンスニと呼ばれた個体。げんきも韓国への渡航経験者である。以降、繁殖を続けている。

校庭での繁殖は、子どもたちの教育上もとても役立っている。校舎からの観察、餌場の調査、餌生物が住めるようにと「よけじ（田んぼの中の生きものの逃げ場）」づくりと、環境教育と実践が様々に展開されている。実は、豊岡市の三江小学校でも校庭に建てられた巣塔で繁殖が続いていることもあり、西小学校と三江小学校はオンラインなどで交流を深めている。

2020（令和2）年2月、「幸せを運ぶコウノトリと共生するまちづくりアクションプラン」が策定された。

◆栃木県小山市

小山市は渡良瀬遊水地を抱え、浅野正富 市長のもと「田園環境都市」づくりを進められている。

2006（平成18）年発足の「渡良瀬遊水地をラムサール条約登録地にする会」（代表は楠通昭さん）による市民活動が長く活発に展開され、渡良瀬遊水地のラムサール条約登録と「コウノトリ、トキの舞う」まちづくりが一体となったことから、私たちも交流している。2012（平成24）年にラムサール条約に登録され、2020（令和2）年には渡良瀬遊水地内に設置された巣塔で関東初の繁殖が成功したのは、「◆千葉県野田市」のところで先述したとおり。

コウノトリ市民科学による飛来情報は、小山市から千葉県神栖市にかけて集中しているので（大坂真希、2020年）、関東における個体群がこの利根川流域を中心に形成されるのではと期待している。小山市民による「コウノトリ見守り隊」が保護活動を行ってきたが、2022（令和4）年からは広域化し「渡良瀬遊水地コウノトリ見守りボランティア」が活動をしている。

◆最近の動き

- 2019（平成31）年に鳥取市の電波塔（翌年からは個人が建てた巣塔で）
- 2020（令和2）年に京都府綾部市の電柱で（翌年以降は設置された巣塔で）
- 2021（令和3）年に兵庫県淡路市の電柱で
- 2022（令和4）年には千葉県旭市、石川県志賀町、佐賀県白石町、鳥取県八頭町、北栄町の

それぞれ電柱で

- 2023（令和5）年は石川県津幡町の巣塔（日本コウノトリの会が設置）で、香川県まんのう町、広島県世羅町の電柱で、茨城県行方市の鉄塔で、それぞれ営巣が始まる。

また2021（令和3）年には、埼玉県鴻巣市に「コウノトリ野生復帰センター天空の里」が開設され、野生復帰を目指した飼育を開始された。

このように各地で繁殖が始まり、2023（令和5）年現在で営巣数は51（うち豊岡市は18）となっている。

◆韓国

2014（平成26）年3月18日、韓国金梅市の花浦川生態公園で、豊岡市伊豆地区の巣塔から巣立ちしたコウノトリ（個体番号J0051、♀）が見つかった。遠路はるばる対馬海峡を渡ってやってきたのだ。前年には福岡や対馬で複数羽が確認されていたので、あと一歩頑張って韓国まで行かないかと期待していたことが、ついに現実となった。私たちは喜び、韓国ではそれ以上の騒ぎになった。「ポンスニ（ポンハ村の可愛い娘）」と名付けられ、みんなから愛されただけでなく、親環境農業の進展にも広がっていった。ポンスニはその後日本に帰り、やはり韓国から帰国していたオス・げんきとペアとなり、2019（平成31）年3月に島根県雲南市でヒナが孵化したことは先述のとおりである。

ちなみにポンスニの名付け親は、鉄原（チョロン）市のト・ヨン和尚。遠路はるばる頻繁に通って観察し、撮影して人々にコウノトリ保護を説いた。私は彼にDMZ（Demilitarized Zone、韓国と北朝鮮の間に位置する民間人出入り統制区域）を2度案内してもらったが、イムジン川のタンチョウや空をゆっくり舞うクロハゲワシ、夕方の市中を覆うマガンの大群など、ときには兵隊の横での緊張を強いられながらであったが、鳥と風景は実に魅力的だった。

私と韓国との関係は、1999（平成11）年の冬に韓国教員大学内でコウノトリ保護増殖に取り組まれている、キム・スイル 教授とパク・シリョン 教授が私に会いに来られたことが最初だった。紹介者は王子動物園の村田浩一さん。お二人は多摩動物公園に人工孵化用の卵をもらいに来日され、ついでに豊岡に寄られたのだ。

2003（平成15）年の冬、韓国環境生態研究所副所長のイー・シー・ワンさんたちが、文化財庁の職員と一緒に豊岡に来られた。目的は、韓国に放鳥拠点施設を建設するため、コウノトリの郷公園と豊岡の取り組みの視察である。応対した私は彼らとの会話が心地よく楽しかったので、2日にわたる夕食会でハメを外してしまった。これが彼らをして「アホな公務員」と映ったのか一気に親密になった。以来、イーさんとは行ったり来たりの度に世話したりされたりが続いている。優秀な研究者で明るく大らかで、正義感が強くて人情家。尊敬する友だ。

2005（平成17）年11月、パク教授に招かれて清州市の教員大学で豊岡の取り組みを講演したことがあった。せっかくだからと新聞記者たちを誘っての訪問で、それぞれの新聞で訪韓記が掲載された。同年には、同大学のチョン・ソッカン研究員がコウノトリの郷公園で長期研修を受けられた。帰国後は環境省に移られ、活躍されている。その後、野生復帰拠点施設が忠清南道礼山（イェサン）郡に整備されることとなった。事業主体は文化財庁の補助を得たイエサン郡で、韓国教員大学は有機の村づくりにソ・ドンジンさん、飼育・研究チームのリーダーにキム・スギョンさんを送り込んだ。

2012（平成24）年10月、コウノトリ湿地ネットが第18回日韓環境賞をソウルで受賞し、訪韓の折に工事中の現地に足を延ばした。そこでは地元農家が「コウノトリの故郷」と名付けた田んぼで、無農薬稲作に取り組まれていた。今日も懸命に続けられているが、日本と同様に、農業の今日的課題（高齢化と世代交代）の克服が課題のようだ。2016（平成28）年9月3日、拠点施設「コウノトリ公園」の開設となり、8羽が放鳥された。放鳥式には中貝市長や私たちも出席した。

キム・スギョンさんによれば、2022（令和4）年現在でイエサン郡周辺の15カ所で営巣しており、総数116羽になっているとのことだ。これに冬季には北方からの越冬個体が加わる。2023（令和5）年、ついに越冬個体と放鳥個体で2ペアができた。

韓国のコウノトリ野生復帰は、国（文化財庁）が主導し、現場（韓国教員大学とイエサン郡）との関係も明確になってきた。2021（令和3）年には金海市ほか、全国4カ所に放鳥拠点を設けることが決まり、ネットワーク化も進んでいる。若手研究者たちはロシア・ウスリー川流域まで出かけて現地との共同で人工巣塔を設置するなど、活動がダイナミックだと感じる。

私たちとの関係では、2017（平成29）年11月の韓国教員大学でのコウノトリ国際シンポジウム、2019（平成31）年12月のコウノトリ公園でのシンポジウム、2017（平成29）年7月の越前市と2018（平成30）年6月の豊岡市での「コウノトリの生息を支える市民交流会」など、国を行ったり来たりしながら交流を深めている。

2019（平成31）年には、コウノトリ保護・野生復帰、環境教育で連携するため、韓国教員大学コウノトリ生態研究院と日本コウノトリの会で「業務協定書」を締結。イエサン郡のコウノトリ公園を拠点に活動する市民グループ「コウノトリ愛の会」、さらに「都市の森センター社会協同組合」とも縁ができ、相互交流の協定書を締結しながら今日に至っている。

2023（令和5）年3月、大陸との懸け橋の象徴である長崎県対馬市佐護地区に、「日本コウノトリの会」と「韓国コウノトリ愛の会」の共同で人工巣塔を設置した。2024（令和6）年には両団体共同で韓国内に巣塔を建てることを計画している。

◆中国

「第6回コウノトリ未来・国際かいぎ」の開催に際して、日本コウノトリの会は、前日の2021（令和3）年10月29日に「第6回コウノトリの生息を支える市民交流会」を開催した。発表者の一人である蘇雲山さんは、中国でのコウノトリと保護の状況について興味深い報告をされた。

「中国でもコウノトリ保護が積極的に取り組まれており、国による湿地増政策とも相まって個体数が順調に回復しており、分布域も広がっている。特に、アムール川（黒竜江）、ウスリー川流域などに限定されていた繁殖地が南に広がっている。これは、鉄塔などでの営巣や人工巣塔の設置効果などで一部が留鳥化の傾向があるためだ。2020（令和2）年の調査では、越冬・留鳥個体は7560〜8544羽と推定される」とのこと。

中国のコウノトリ保護策は、保護区を設けての湿地保全・管理が基本だが、やはり日本同様に人工巣塔の設置など、人間が少し手を差し伸べるとコウノトリは応えてくれる。しかし個体数が8500羽にものぼるとは衝撃的だ。

私がコウノトリ保護・野生復帰の担当になった1990年代で、世界で約2000〜3000羽と言われていた。2007（平成19）年に豊岡に来られた中国の安徽大学の王岐山教授が「ほとんどの個体が越冬するポーヤン湖（江西省の長江中流域南岸）だけで、4000羽を数えた」と言われたときはびっくりだったが、13年後にはその2倍！　すごすぎる。

個体の急増に伴い、朝鮮半島へ越冬に飛来する個体も増え、2022（令和4）年末には80羽を数えたそう。ただし蘇さんによれば、個体数増と留鳥化に伴い、淡水魚の養殖農家とのトラブルも起きているらしいので、これからが正念場とも言えそうだ。

種としてのコウノトリを将来にわたって保護していこうとすれば、日本だけで考えていてもたかが知れている。極論を言えば、中国・ロシアで1万羽近い個体がいて、しかもそれぞれの国で保護しているなら、仮に日本が保護に失敗したとしても種としては致命傷にならないと言えるのか。いやそうではないだろう！　野生復帰の目的は、人と生きもの（コウノトリ）が共生できる社会を構築することであり、だから日本で共生モデルを先駆けてつくるという使命があるはずだ。でなければまたぞろ昔に逆戻りだ。

東アジア分布域の復活を求む！

日本で数を増やした若鳥たちは、強大な飛翔力で全国を飛翔し、秋〜冬季には数十羽単位で兵庫南部や四国などのため池に飛来し、越冬する。つまり全国を一つの単位として、繁殖地と越冬地を使い分けているふしがある。

「コウノトリ野生復帰グランドデザイン」では、「地域個体群がいくつかあり、日本全体のメタ個体群を形成する」と記しているが、日本全体で一つの地域個体群を形成しているといってもいいのではないか。

つまり、『日本＋朝鮮半島＋台湾＋ロシアと中国で構成される生息域』となるのだろう。ならばやるべきことは簡単明快。この生息域に住む人々が連携して、個体保護も生息地保護も、共生文化の構築も、同時並行で取り組むべし、ということになる。

もちろん今はまだ野生復帰の国家戦略的な視点などなく、県や自治体任せとなっているし、その自治体はそれぞれ問題山積、目の前の処理で手一杯だ。餌生物対策、生きもの共生型農業の推進などはほとんどが途上だし、その上、人工物での事故によってペアの一方が死亡するケースが増えてきた。従来通りの行政では後手に回らざるを得ない。

さらにコウノトリの行動も変化している。豊岡では個体数の増加に伴ってコウノトリ同士の争い（巣の取り合い）も多くなった。豊岡区域で10数カ所も営巣しているのでテリトリーが狭くなり、中には巣と巣の間がわずか240メートルしかないものも出現している。巣間距離は約2キロメートルが必要と言われていたのに。

この行動の変化は、私たち人間に「もっと大きな視点で考えろ」と言っているようだ。

この10年くらいの間、豊岡市内で巣立ちに至った営巣数は15〜18カ所で推移している。彼らは「このくらいの営巣数をほぼ上限として、あとは巣間距離を調整しながら生息する」と言っているのではないか。上限を超えた個体たちは外部に出て繁殖地を探す。

2023（令和5）年6月現在までに、日本から韓国に渡ったコウノトリは計13羽、韓国から日本へ飛来した個体は2羽である。中国へは2羽、台湾にも2羽が渡っている。

同時に、豊岡や越前そのほかから巣立った個体が数年後に故郷に帰ってくる例が増えてきた。思い返せば、1904（明治37）年に出石鶴山の1巣から年々巣立っていった若鳥たちが、しばらく後に伴侶を連れて生まれ故郷に帰り、親の縄張りから少し離れて分家のように周辺で繁殖し、やがて昭和初期に円山川流域+京丹後市において個体群を形成していった、歴史をなぞっているのだと思う。今後はもっともっといろいろなケースが出てくるだろう。それらが積み重なっていくうちに、やがてはかつての東アジア分布域が復活するのだと思いたい。

第12章

人と自然が共生する社会へ

―終わりなき問い

コウノトリという種が、かつての分布域で、持続可能で、健全に生息すること。人間はコウノトリの力をもらって地域社会や私たち自身を覚醒させ、人と自然が共生する地域社会を創る。これが私の考える「コウノトリ野生復帰」だ。「覚醒」とは、かつて日本にあたりまえにあったはずの自然と共生する文化が、現在も将来においても必要になり、そのために行動することだ。

このような観点から見て現在、コウノトリ野生復帰の取り組みはどこまで進んだのだろうか。

コウノトリは「よみがえった」といえるか？

飼育下の個体5羽を初めて放鳥して17年が経ち、今では約400羽を超える個体が北は北海道から南は沖縄県の宮古島まで全国各地を飛び回っている。

繁殖状況はどうか。2023（令和5）年の繁殖期時点での営巣数を、私たちが知り得た範囲で集計してみた（表12-1）。

この時点でおそらく国内史上最多数だが、2024（令和6）年度以降も少なくとも当分は増えていくだろう。個体数、繁殖状況で見れば、コウノトリは日本で順調によみがえりつつあるといえる。

しかしこんなに個体数が一挙に増え、こんなに飛翔範囲が広がり、繁殖地も増えるとは、「野生に帰した個体は、8割は死ぬと思うべし」からスタートした者としては想像もできなかった。

「人間が壊した自然・文化を人間の手で再生しなければ、コウノトリは生息できない」と一種悲壮

表12-1　2023（令和5）年の繁殖期時点での営巣数（※）

兵庫県	豊岡市	18
	養父市	1
	朝来市	2
	淡路市	1
	稲美町	1
京都府	綾部市	4
	京丹後市	3
島根県	雲南市	1
鳥取県	鳥取市	1
	八頭町	1
	北栄町	1
広島県	世羅町	1
徳島県	鳴門市	1
香川県	まんのう町	1
福井県	越前市	3
	小浜市	1
	鯖江市	1
	若狭町	1
石川県	津幡町	2
	志賀町	1
栃木県	小山市	1
茨城県	神栖市	2
	行方市	1
佐賀県	白石町	1
合計		51

（※）形成されたペアが産卵・抱卵まで至ったものを「営巣」とした。したがって、孵化には至らなかったものや兄妹などの近親ペアのため抱卵中に捕獲・保護されたものも含まれる

な決意でやっていた頃を思うと、何か肩透かしのような感じすらする。今日の各地への飛来、繁殖地の拡大は、それぞれの地で人々が懸命な環境づくりをした成果と言えるのだろうか。

残念ながら現段階での答えは否。ほとんどが、若いコウノトリ自身の勢いによるものと言わざるを得ない。

コウノトリを取り巻く状況を見てみよう。直接的な問題は事故死の多さと、営巣木がないことだ。コウノトリの郷公園の松本令以　獣医師の報告（2021〈令和3〉年）によれば、2005（平成17）〜2020（令和2）年の間に、救護または死骸が回収されたコウノトリは全国で延べ147羽を数える。その原因の4〜7割が配電設備や防獣ネット、交通事故など、人間の活動に起因している可能性が高いという。行政から農家へ防獣ネットを張る場合の注意喚起をされているが、農家の反発もある。人里で生息する限り、事故はこれからも起こるだろう。

営巣できる木がないことも課題だ。かつては、里山の中腹にある大木の松の上が、直径1・6メートル前後もある巣をつくるのに適していたが、現在ではそのような松はほとんど見当たらない。コウノトリは仕方なく電柱、鉄塔、電波塔の上に巣をかける。感電の恐れがあり、漏電、火災発生の危険性もあるので、電力会社に撤去されてしまうのが常だ。それを防ぎ、安全な場所で営巣できるのが人工巣塔である。まだ当分の間は、巣塔設置が必要だ。

コウノトリは全国に飛来するようにはなったが、すぐ次の地に飛んでいくので定着することがほとんどない。だが一度その地で繁殖すると、親鳥は移動せずに定着することがわかった。繁殖後の留鳥化は、実はかつての野生当時もそうだったし、韓国でも近年の中国でもそうだ。

繁殖期だけ巣に帰ってくるケースもあるが、「日本でのコウノトリは、一度繁殖すると基本的にはその地を離れない」と言っていい。であるなら巣塔を設置し、そこで繁殖となれば「コウノトリを環境のシンボルとした地域づくり」が落ち着いて取り組めるのではないか。

そう考えて日本コウノトリの会では、人工巣塔を各地に建てる運動を行っている。これまでに朝来市（巣台のみ）、高砂市、播磨町、京丹後市（巣台のみ）、南丹市、雲南市（2基）、長浜市、高島市、津幡町、越前町（巣台のみ）そして対馬市に設置してきた（うち7カ所は日本経団連自然保護基金から助成を受けた）。4カ所で営巣となって、地域に一定のムーブメントを起こしている。

各地の巣塔設置・繁殖とその地域の環境・文化づくりの関係を、第11章で触れた地域以外で少し見てみよう。

兵庫県養父市伊佐地区では、住民による環境保全隊によって繁殖個体の観察とビオトープ整備など、日常的にコウノトリ保護活動に取り組まれているし、朝来市山東町粟鹿地区ではコウノトリ育む農法田の一角に地区主体で巣塔を設置され地域活性化を目指されている。また、同市和田山町東河地域では、2020（令和2）年に地域住民が費用を持ち寄り人工巣塔が2基設置され、その春に営巣・巣立ちした。ここでも「コウノトリ育む農法」が取り組まれている。

東河の巣塔建立式典での、コミュニティ協議会の濱信雄会長のあいさつがとても印象的だった。「私たちはここでずっと田んぼを耕し、地域を守ってきた。だから、このような美しい農村景観が保たれている。しかし近年若者は流出し、地域の将来をとても不安に感じる。そのようなときにこうして巣塔が建ち、これからコウノトリが営巣すると、私たちがやってきたことは間違いではなかったとコウノトリが評価してくれるようで、とてもうれしい」

濱さんのように地域を連綿と守ってきた人たちにとっては、コウノトリは尊厳と希望を取り戻してくれる存在となっている。

2023（令和5）年、稲美町の民間企業である関西広告社が、住宅地に建てた巣塔でコウノトリが繁殖しヒナを巣立たせた。この会社は環境問題への造詣が深く、職員用に無農薬米を栽培、コウノトリを呼び込む活動をされている。

石川県津幡町の河北潟はたびたび飛来が見られ、現地の環境も良好だったので、2021（令和3）年春に日本コウノトリの会が、人工巣塔を設置した（日本経団連自然保護基金の支援を受けた）。河北潟干拓土地改良区の河上孝光事務局長は「コウノトリをシンボルに農業の活性化に取り組みたい」と、巣塔候補地の選定・交渉などに尽力。町長をはじめ各所に協力を依頼し、日本コウノトリの会の木村透さんとのコンビで受け入れ準備をされてきた。そうして2023（令和5）年、前年からペアを形成していたコウノトリがヒナを孵化、巣立たせたのである。繁殖を機に持続可能な農業のますますの活性化が期待される。

個人の呼び込み活動としては、豊岡市出石町森井地区の吉谷誠さん、日高町広井地区の水嶋芳彦さん、京丹後市の野村重嘉さんや鳥取市の椿壽幸さんが人工巣塔を建てて成功している。

特筆すべきは2015（平成27）年に豊岡市三江小学校の敷地に建てられた人工巣塔で繁殖したことである。校長室には望遠鏡が据えられ、子どもたちが観察している。

2023（令和5）年現在では、巣塔は設置したが営巣には至っていないところも多い。兵庫県では東播磨地域の各自治体、城崎温泉の旅館「あさぎり荘」、田結地区、香美町の会社「トキワ」などでも飛来・営巣を待ち望んでいる。

さらに新たな動きがあった。電柱で巣づくり↓電力会社が撤去の繰り返しに「あまりにもかわいそう。それならば」と、豊岡市万劫地区と戸島地区の地元有志が立ち上がり、巣塔を建てたのだ。

福井県越前町の大規模農家「田んぼの天使」は、長年無農薬農業に取り組まれてきた延長として、2023（令和5）年に巣塔を設置された（巣台は日本コウノトリの会提供）。巣塔設置は、有機農業↓生きもの観察会↓コウノトリの餌場づくりと真摯に進められてきた一里塚だ。
各地へのさらなる広がりに期待し、もっともっと高みを目指していただきたい。

「共生社会」に向けた地域づくりは進んだか？

コウノトリ野生復帰を提起した頃、これから取り組みを進めるにあたり、(都会の) 生物・まちづくりの研究者や自然保護派の人たちから、指摘やクレームが来るのではないかと身構えたことがある。しかし誰からも「お前のやり方は間違っている」と指摘をされたことはなかった。

理由は簡単だ。山陰の片田舎である豊岡市は名前も知られておらず、いくら情報を発信しても中央に届かなかった。クレームの来ようもなかったのだろう。もう一つの理由は「二次的自然」での「野生復帰」が初めてのことであり、研究者も自然保護派も、誰も経験したことがなかったのだ。

元々、コウノトリという鳥自体が各地に生息していなかったこともあるが、お蔭で私たちのペースで「豊岡型」の野生復帰とまちづくりを進めていくことができた。従来の自然保護運動＝保護か開発か、とは少し違う、「共生社会」に向けた未来志向のまちづくりだ。

2021 (令和3) 年6月、豊岡市森尾地区の巣塔でヒナ3羽を育てていたメスが、シカ防止用のネットに絡まって負傷し、保護収容された。残ったオスだけでヒナを育てるのは無理。様子を見守る地区の方たちが、巣塔近くにタライを置き、給餌することとなった。私たちも支援した。メスが帰ってくるまで毎日給餌されていた黒田勉さんの言。

「ヒナを死なせまいと懸命になるうちに、区民のコウノトリに向けるまなざしが同じものになり、一体感を生み出した。この地域にコウノトリがいることを誇りに思う」

戦前までは、低湿帯の田んぼでの過酷な労働と生産性の低さが、結果としてコウノトリの生息を可能にした。戦後は効率化、経済性を優先されたことでコウノトリが追い出された。いつもコウノトリか人、どちらかが犠牲になった。「コウノトリ育む農法」は、史上初めて農家が意識して経済性も生きものも両立させようとするものだ。意義はとても大きい。

豊岡でのコウノトリ育む農法による田んぼは、２０２０（令和2）年で面積が４２５・６９ヘクタール（減農薬２７８・64ヘクタール、無農薬１４７・05ヘクタール）。全作付面積の15・67％、２０２生産者（営農組合などを含む）となっている。ほかの市から見ると多いかもしれないが、コウノトリの餌場となる無農薬米の田んぼはまだ5・4％。しかも、近年の増加率は鈍っている。後継者不足はどこも同じだ。持続可能の道を探るとき、視点の核が次世代を担う子どもたちだ。

豊岡市は２００９（平成21）年度から小中学校の給食を毎日米食にし、さらに２０１６（平成28）

年度からは全量（96トン）を「コウノトリ育む米（農薬7・5割減、栽培期間中化学肥料不使用）」に切り換えている。慣行栽培米との差額は市が補填する。これをさらに一歩進めて、全量無農薬米にすべきと声を大にして訴えたのが、やはり成田市雄さんだ。「コシヒカリ」から、多収穫でいもち病に強い品種の「つきあかり」に換え、国の制度導入や市の補填額も増額し、そして「農家の手取りが少し減っても、ともかく、地元の子どもたちに無農薬米を食べさせてやりたい」と言う。

2023（令和5）年、市は「オーガニックビレッジ宣言」を出し、対象農地、農家を増やして試行を重ね、2027（令和9）年度までに完全実施と発表した。

地方行政と「人と自然の共生」とは？

数年前、県外自治体の教育委員会文化財担当課へ、積極的なコウノトリ保護をお願いに行った時の担当課長の言葉が象徴的だった。曰く、「このまちも過疎が進んで疲弊しており、財政は苦しい。（地道な）文化財を所管する部局は職員数が減らされている。そんなときに県外から突然にコウノトリが舞い降りると、放っておくわけにはいかず、観察や保護の周知、場合によれば救護などが必要だ。マニュアルがないのでコウノトリの郷公園の指示を受けなければならない。このようなことは当初予算には計上していないので、そのつど補正予算対応しなければならない。このまちではコウノトリを地域ブランドにすることは無理だ。だから、コウノトリが飛来するのは迷惑なのだ」。

彼にとっては、「人と自然の共生」など甘っちょろい理想主義と映っているのだろう。このように思っている自治体は、実は全国に多いのだと思う。野生復帰は成功に向かっているという実感が湧かないのは、こういう場面に立ち会うからでもある。コウノトリを起爆剤に、環境型のまちづくりへとシフトすることは、誰かが先陣を切らなければ始まらない。

では肝心の豊岡はどうか。残念ながら初期の熱気は薄まっている。それでも営巣数は17前後で安定し、市内のあちこちで姿が見られるので、「もう成功したのだから無理しなくていい」との空気も感じる。自然環境の再生、生きもの共生型農業の推進、共生文化づくりなど、取り組みは緒に就いたばかりと言うのに。

「湿地の可能性」は活用できているか？

ハチゴロウの戸島湿地では、コウノトリが採餌できるように邪魔な草を刈る必要がある。あるとき、高校生に三角鍬で除草作業させたが、彼らはそんな手作業が「まどろこしい」と、最初は集中せずおしゃべりばかりしていた。ところが時間が経ち、そのうちの2人が熱心にしだすと、次第に全員が黙々と作業に集中するようになった。しかも、延々と。この光景を見て、湿地には何か人を落ち着かせる要素があるのではないかと思うようになった。

そこで、実益と環境教育を兼ね、高校生や小学生に草を鎌で刈るメニューを導入することにした。大人が機械で刈るとカエルやヘビも切ってしまうことがあるが、子どもがひざまずいて鎌で刈ると、生きものはどんな小さくても切られることがない。何より、至近距離で草や土の匂いがムーと鼻に入ってくるのがいい。そしてやはりみんな黙々と根気よく作業する。「教室と違って忍耐強い」と先生もびっくり。それだけでなく、仲間で助け合うようになる。やさしくなるのだ。

このことを、東京農工大学大学院博士課程に在籍されていた田開寛太郎さん（現松本大学専任講師）に伝えたところ、「湿地教育」として理論展開された（「現代日本のコウノトリ野生復帰にかかる湿地教育に関する研究」、2018年）。

湿地づくりは、今のところ戸島湿地などのように公的資金が導入されるか、休耕田や放棄田のようにボランティア（一部補助付き）で行うかしかない。いずれにしても経済性は生まれない。

そこを何とか自立できないものかと考え、「貢献ツアー」なるものを提唱してきた。多様な人々がコウノトリ野生復帰事業に直接参加する一環として草刈りを行い、コウノトリの餌場づくりに貢献しようというもの。2022（令和4）年から、JA共済と神姫バスの共催でツアーが始まった。戸島湿地のコウノトリが舞う下で語り合いながら、作業に汗を流し、城崎温泉で労を癒し、地元産の食を味わうものだ。これまでに数回実施したが、気分がいいとの感想をいただいている。

コウノトリが各地に舞い降りるようになったら、その地に合ったやり方で湿地づくりが広がればと思う。

農業経営上は効率が悪い棚田は、小さな区画で法面《のりめん》がたくさんあり、いろいろな草花が生え、昆虫やヘビが暮らしていた。カエルや水生昆虫の生息場にもなっていた。田んぼの一角にはショウブなどが植えてあり、年中行事の役に立っていた（我が家でも祖母や母が大切にしていた）。小川と農道、田んぼの境も広く、生きものがたくさんいた。こんな、一見「無駄な場所」は、コウノトリにとっては実は大切な場所だった。

だが圃場整備は、こうした場所を撤去し、効率の良い「コメの生産工場」と変えただけでなく、農村の文化も薄いものにしてしまった。

休耕田、放棄田はこれからもますます増えていくだろう。放置すれば荒れ果て、生物多様性にも災害防止にも厄介なものになっていく。

だがこの再生や維持管理を公的資金、ボランティアに頼るのは限界がある。新たな制度、お金を生み出す方法を編み出し、「プロの仕事」の対象にもなる有効な手立てを模索する時期にきているようだ。

「コウノトリ野生復帰」が目指すものとは？

2005（平成17）年3月に「豊岡市環境経済戦略」を策定したとき、当初は「環境」と「経済」が共鳴する戦略なんて宙を掴むようなもので、まったく新しい発想がいるだろうと頭を絞ったが、具体策が浮かばない。そのうち、我がまちのこれまでを振り返りながら、かつて両者はなんとなく折り合いをつけながら暮らしていたことを思い出した。戦略のヒントはすべて、豊岡の歴史の中にあったのだ。

2013（平成25）年策定の「豊岡市生物多様性地域戦略」では、市内各地域の姿を表すものとして校歌に着目した。そこにはそれぞれの山河、暮らし、文化、子どもたちへのエールが描かれている。「校区」という地域の誇りだ。そこで思い切って、戦略の中に30の小学校すべての校歌を抜粋で載せた。当然、歌詞には「鵠《こうのとり》」の文字も入っている。コウノトリ＝天然記念物とは「郷土愛」と言われる品田穣さんの言葉が結びつく。柳生博さんの「確かな未来は懐かしい風景の中にある」と同じものだ。

共生社会に向けて厄介なのが、「効率化」との折り合いだ。

私は若い頃、労働組合活動もしていた。1970年代には「反合理化闘争」が叫ばれていて、私も「そうだ」と叫んではいたが、実はよくわかっていなかった。「これって合理化反対運動じゃない？」と実感したのは、コウノトリの仕事に携わってからだ。

絶滅した原因をたどったり、コウノトリ保護や農業を行ってきた人たちの思いを聞くときなどがそうだ。初期の頃よく話題にしていた、ミヒャエル・エンデの『モモ』を悩ませた「時間泥棒」とは、「効率化」そのものだし、生きものにまなざしを向けて来られた方たちの言葉を思い出すと、みんな「効率化より大事なことがある」と言っておられたのだと、改めてうなずく。コウノトリ育む農法を「儲かるから」で始めた方は、大概長続きしないという。

効率化に正面から立ち向かっておられるのが、宇根豊さんだ。宇根さんが主宰する「農と自然の研究所の「農と自然の研究所報第27号」（2006年11月8日）に、荘子の説話が紹介されている。

百姓が甕で水を汲み上げては畑に運んで潅水しているので、なぜ便利な機械（はねつるべ）があるのに使わないのかと尋ねると、「機械があればそれを利用したくなる。機械を利用すれば、機械に頼る心（機心）が生まれる。機械に頼る心が生まれれば、生まれながらの心を失う。生まれながらの心を失えば、雑念が後を絶たなくなる。堕落したくないから、使わない」と答えたという。

宇根さんはこの挿話を受けて、こう書く。


私たちは「機心」のかたまりである。だから、「稲の声」が聞こえない。しかし、生きものを見つめているときに、「機心」を忘れることがある。そのときに、生まれながらの心に戻ることがある。それを大切にしろと、荘子は言っているのではないだろうか。


私が接した中から豊岡の人々の「心」に少し触れてみよう。

たとえば但馬牛の産地、但馬地方で2頭飼育されている広井地区の水嶋芳彦さんには、全身から生きものへの愛情を感じる。自宅近くに人工巣塔を自分で建て、営巣中のコウノトリを愛情たっぷりに見守っておられる。「子牛を売った後にはいつも涙が出る。どんな暮らしをしているのか気にかかり、遠く姫路までそっと見に行ったこともある」。

第4章で紹介したポスターの被写体、角田しずさん。「(害鳥コウノトリであっても)そこまで追いつめてやらんでも」。

第8章で紹介した成田市雄さんは、オタマジャクシがカエルに変態するまで、田んぼの中干しを延期する農法を行っているが、田んぼの落水のタイミングにいつも悩むそうだ。小さなオタマジャクシの命に、農家が真剣に悩んでいる。

時代や行政の方針がどう変わろうが、日本人の思いは本質的には変わらない。このような心情が根底にあって、生きもの共生型農法が確立していくと思うのだ。

まだコウノトリが一度も飛来していない、営巣していないところはたくさんあるし、電柱などに巣づくりしたために、うまく営巣できていないところもある。繁殖が成功した地域でもコウノトリ同士の闘争、テリ

コウノトリの飛来が
地域活性化につながると
信じています

（撮影：河内明子）

トリーの縮小、電線、獣害防止ネットなどによる事故死などが、日常的に発生している。今後さらに、想定内のことも想定外のことも多く発生するだろう。しかし少子高齢化が急激に進んで疲弊している地方にあって、コウノトリの飛来が人々を勇気づけ、元気にしていることは紛れもない事実だ。

コウノトリ野生復帰が目指すものは、「種の保存」と、その取り組みを核にして「人と自然が共生する地域社会を創る」こと。どちらか一方が進んでも、一方が停滞するならもう一方もダメになる。個体数が先に増えている現在だが、これからはコウノトリが地域の人々に力を貸してくれるだろう。彼らは「機心」ではない、「生まれながらの心」に呼びかけてくれるのだ。常に次のステップに挑戦する人々がいる限り。コウノトリ野生復帰の取り組みには終わりがない。

付録

コウノトリとはどんな鳥なのか

分類

東アジアのコウノトリ（英名：*Oriental Stork*、学名：*Ciconia boyciana*、以下、コウノトリ）は、コウノトリ目コウノトリ科コウノトリ属に分類される。かつてはサギやトキと一緒の仲間とされていたが、DNAによる鑑定が導入され、日本鳥類目録改訂第7版（2012〈平成24〉年）によって、コウノトリ目は「コウノトリ」だけとなった（表付-1）。

種としては、少し前までヨーロッパコウノトリ（朱嘴鸛《シュバシコウ》）の亜種（*Ciconia ciconia boyciana*）とされることが主流だった。理由は、両者間で雑種が生まれるからだ。

1993（平成5）年に、東洋コウノトリの研究者キャサリン・キングさんが「両者は別種」説を発表されていたので、オランダ・ロッテルダム動物園を訪問した際に、その理由を尋ねてみた。彼女曰く「生体だけでなく、生態的特徴も入れて検討すべきだ。東洋コウノトリは、コロニーを形成し群れて暮らすヨーロッパコウノトリとは、明らかに異なる」と。帰国してから、鳥類学のプロ2人にも分類再検討の可能性を聞いてみた。山階鳥類研究所の杉森文夫さん、神戸市立王子動物園

表付 -1　東洋コウノトリなどの分類

	界（かい）	門（もん）	綱（こう）	目（もく）	科（か）	属（ぞく）	種（しゅ）
ヒト	動物	せきつい動物	ほにゅう	サル	ヒト	ヒト	サピエンス
コウノトリ	動物	せきつい動物	鳥	コウノトリ	コウノトリ	コウノトリ	コウノトリ
タンチョウ	動物	せきつい動物	鳥	ツル	ツル	ツル	タンチョウ
アオサギ	動物	せきつい動物	鳥	ペリカン	サギ	アオサギ	アオサギ

出所：コウノトリの郷公園サイト「コウノトリってどんな鳥」より

の村田浩一さんだ。いずれも同一見解。「分類学会の見解にこだわらず、『キャサリン・キングさんをコウノトリの国際かいぎに招いた縁もあるので、豊岡市としてはキャサリンさんの説を支持する』と言えばいいのでは」と。そして現在では、両者は別種とされるのが一般的になってきた。

分布・希少性

コウノトリの現在の生息地（繁殖地）は、ロシアの極東と中国の東北部。ロシアで巣が集中しているのはアムール川中流域とその支流、ゼア川とウスリー川の間の低地（湿原）とのことだ（1994〈平成6〉年、ウラジーミル・アンドロノフ）。中国ではアムール川の南側、黒竜江省、吉林省などが生息地だが、近年では黄河デルタ、長江中流域のポーヤン湖などで留鳥化し、たくさん繁殖しているとのことだ（2021〈令和3〉年、蘇雲山）。

また1998（平成10）～2001（平成13）年の樋口広芳 東京大学教授グループの調査によれば、夏の終わりに繁殖地を離れ、南に渡って越冬する際は、ほとんどの個体が黄河河口のデルタ地帯を中継地にしていること、渡りに要する日数は多く、ときに休憩しながら約130日かけてゆっくり移動していることなどを発表されている。

IUCNのレッドリストでは絶滅危惧IB類(EN)に指定、ワシントン条約でも規制されている。国内では「絶滅のおそれのある野生動植物の種の保存に関する法律(種の保存法)」により国内希少野生動植物種に指定され、環境省のレッドリストで絶滅危惧IA類(CR)にも指定されている。また、文化財保護法により特別天然記念物に指定されている。

今、日本と韓国で生息地が復活しつつあり、中国では留鳥化・繁殖する個体が増えている。今後ますます、コウノトリは生息地、渡りルート、越冬地のすべてにおいて、人の手によってその動態は変化していくのだろう。

体

羽を広げると全長2メートルにもなる国内最大級の鳥。サギの中でも大きいダイサギと並んでも、断トツに大きいことがわかる。身長は約110センチメートル、体重は約4・5〜5・5キログラム。先のとがった黒くまっすぐで大きなクチバシ(長さ23〜25センチメートル)が特徴だ。形や色は雌雄同一だが、並ぶとオスの方が少し大きい。

羽根は「風切」と「雨覆」が黒く、ほかは真っ白。目の周りと脚の羽根がない部分は、肌が露出していて赤い。歌舞伎役者の隈取のような目が、私にはものすごく魅力的だと思っているが、それが嫌だという人もいる。キツイとか怖いと感じるらしい。わからないものだ。

食べ物（餌）

食性は完全な動物食で、細く長い脚で水辺を歩き、あるいは陸上で追いかけて、ツルハシのように鋭いクチバシで獲物を捕らえて丸呑みする。飼育下では1日に約500グラムの餌を与えるが、野外では飲み込めさえすれば何でも食べる大食漢である。小さな虫から大きなナマズ、アオダイショウまで、魚類、甲殻類、昆虫、両生類、爬虫類、哺乳類、鳥類…ともかく飲み込みさえすれば何でも食べる。

この「動物食で大食漢」という食性は、彼らが生息する環境に、あることを要求する。餌となる生物が多様でたくさんいて、食物連鎖が機能していること、そして季節ごとに多様な環境があることだ。

繁殖ペアのテリトリーとなる広さは、餌生物の生息密度によって変わってくる。冬季、餌生物がいなければ、やむを得ず捕食できる南方に渡っていく。私たちが指定管理者になっている豊岡市立ハチゴロウの戸島湿地の調査で、コウノトリにも個々で好き嫌いがあることがわかった。一番の好物はウナギ。仲の良い夫婦でも取り合いになる。反対に興味を持たないのはウシガエルだ。冬季に何も食べるものがなくなって初めて捕食する。

繁殖は春

コウノトリの繁殖可能（性成熟）年齢は、2歳からである。以前は4歳と見られていたが、国内で事例が多くなるにつれ正しい年齢が明らかになった。

恋の季節は冬から春。お互いが気に入れば円満に結ばれるが、どちらかが嫌うと相手を激しく攻撃する。気性がめっぽう荒い。その分、結ばれると一生添い遂げる。一夫一妻制の鳥類の中でも、絆の強さはピカ一ではないかと思う。

ハチゴロウの戸島湿地で営巣している夫婦は、2008（平成20）年にペア形成以来、片時も離れないくらい一緒にいて、2022（令和4）年まで毎年子を育て上げ独り立ちさせてきた。残念ながら2023（令和5）年2月7日、母鳥が電車にはねられ死亡してしまったが、亡くなるまでに子を32羽、孫を48羽、ひ孫を27羽残した。

巣づくり

木の小枝を器用に編むようにして差し込み、直径160センチメートル前後の、すり鉢状の巣を樹上につくる（松の大木がない現代は人工巣塔に）。巣の中央にはやわらかい草を敷いてベッドにする。コウノトリは抱卵・子育てを夫婦共同で行うが、この巣づくりだけは基本的に夫の役目だ。戸島湿地での2015（平成27）～2019（平成31）年の観察データでは、産卵までの間にオスが巣材を運ぶ率は90％だった。

交尾（マウンティング）

野生動物は通常、繁殖期になると相手を探して交尾する。つまり、交尾とは遺伝子を残す手段だ。繁殖期、産卵間近での交尾は、1日に実に10数回を数える。戸島湿地のペアの過去最高は17回であった。初卵を産んだ後は徐々に少なくなり、交尾最終日をもって産卵も終了する。でもコウノトリを見ていると、繁殖手段だけとは思えないいろいろな様相を見せてくれる。

戸島湿地では、毎年7月中旬までにヒナを巣立ちさせたのちしばらく、野外で親鳥が餌の捕り方、飛び方などを教え、名実ともに独り立ちさせていく。子たちはひと通り親から学ぶと、お盆頃までには親鳥のテリトリー外に出ていくこととなる。ここで夫婦にひとときの自由な日々が訪れる。そして秋になると時々、夫婦で巣に戻り交尾することがあるのだ。それ以後も断続的に交尾する。日照時間が短くなるこの時期には、メスの卵子が準備ができていないので受精はあり得ない。ならばこの時期の交尾の目的、意味は何なのだろう。

研究者によれば「親和性によるもの」と言い、小型のチンパンジー、ボノボにも同じような行為が見られるとのこと。しかしボノボは何と言っても霊長類。知能や社会性で人間に近いものがあるだろうし、マウンティングにはリーダーがグループをまとめる意味もある。そんな類人猿と鳥類であるコウノトリが同等な行為をするとは、何とも愉快だ。道理で、しばしば人間的な仕草（たとえばヤキモチを焼いたり、格好をつけたり）を見せてくれるのか。

産卵・抱卵

産卵時期は3〜4月、1日おきに1個ずつ産んで合計4個程度となるのが通常だ。産卵前の食べぶりが産卵時期に影響するようで、給餌を受けているペアは産卵時期が早くなる傾向がある。親鳥は交代でしっかり伏せて卵を温める。抱卵割合は、5年間の平均でオス54％、メス46％と、ややオスの方が多い。

親鳥の伏せる時間が1日の7割以上を占めるようになると、産卵した可能性は一気に高くなり、その割合が続けば産卵と考えてよい。初卵から第4卵を産むまでに7日を要するので、ヒナが順番に孵化すると第1子と第4子では1週間の開きが生じてしまう。最初の子はもうモリモリ食べ、末子は押しのけられる。そこでコウノトリは、初卵、第2卵を抱く時間を制限して、なるべく孵化の日が揃うように調整している。賢い！

孵化

最初の卵が孵化する日数は、戸島湿地の6年間の記録では、31〜34日であった。ヒナは、卵の中からクチバシで殻に穴をあけ、ノコギリのようにクチバシを使って割っていく。ようやく出てきたときには、ヒナはもうヘトヘトだ。体重は約80グラム。歩くどころか動くこともできず、ぐったりしている。羽根は生えておらず、まるでパンダの赤ちゃんのような姿だ。

親鳥は、卵を割っているときにはまったく手を貸さないが、いざ孵れば「よく出てきたねぇ」とばかりに一杯の愛情を注いでいく。それはまさに「甲斐甲斐しい」の言葉通りにヒナを励まし、温かく抱き、真心を込めて育てていくのだ。

子育て

親鳥の子育ては完全な協働、交代制である。交代でヒナを抱き、交代でエサ捕りに出かける。これを毎日毎日、繰り返して育てていく。

給餌は、親鳥が捕食した生きものをお腹に溜めておき、ヒナの前にドバっと吐き出す方法だ。巣立ちまでの給餌は、2019（平成31）年では総給餌回数が731回。うちオスは329回で45％、メスは402回で55％だった。回数は母鳥が多いが、抱く時間は父鳥が多い。

　両親の熱心な子育てにもかかわらず、孵化したヒナが全員巣立ちできるとは限らない。むしろ途中で1～2羽死亡することが多い。3月に孵化した場合だと、気温も水温もまだ低く、餌生物はほとんど動いていない。親鳥が「このままでは4羽育てるだけの餌がない」と判断しても不思議ではない。そんなとき、ヒナの間引きを行うことがある。合理的な選択、行為ではあるが、最初に目にしたときはやはりショッキングだった。見守る人間の覚悟が試されているようでもあった。その分、4月中旬以降に孵化すると、少しずつ多様な餌生物が動き出しているので、全員育つことが多い。

　ヒナたちは日に日に大きくなり、1カ月も経つと1日に約1キログラムもの餌を平らげるようになる。親鳥が交代で帰ってくるたびにヒーヒー鳴いて、餌の吐き出しを要求する。親鳥はヒナの鳴き声に応じて餌を吐き出す。この頃になると、もう待ちきれないとばかりに、親のクチバシに自分のクチバシを差し入れてこじ開けようとするほどだ。だからまた、親鳥は餌生物を探しに出かける。巣はこの頃が一番、活気にあふれている。同じ頃、田んぼも田植えの準備に動き出すから、人間も生き物も活気に満ちていく。

　それから少し経って、ついこの前までせっせと羽繕いしてやり、雨の日は羽を広げて傘になり、暑い日には日陰をつくり、水をかけて冷やし、「そこまでやるか」と思うほど甲斐甲斐しく、細やかに愛情を注いでいた親鳥に変化が出てくる。餌を運ぶ回数が減り、帰ってきてもねだるヒナに餌をやらない行為などが目立つようになる。私たちは、そろそろ自立に向けて親鳥が厳しく接しているなと判断する。

巣立ち

巣立ちは、孵化後約70日前後である。早く生まれたヒナから順番に巣を飛び出すというものでもないようだ。風などの天候にも影響されるし、個々の性格にも左右されるだろう。

「鳥だから、飛べて当たり前」と考えがちだが、今まで飛んだことがない者にとってはとても不安なものだろう。しかも巣は約12メートルの高さ。だから、何日も巣上でジャンプして練習する。2メートルくらい羽ばたくこともあるが、飛び立つこととはまったく異なるのだろう。人間が初めてバンジージャンプするのと同じくらい勇気がいるのだ(と思う)。臆病者や慎重派は当然、後になる(と思う)。

ヒナが懸命に飛ぼうとしている姿は、必死に生きよう、自立しようとする姿そのもので感動的だ。戸島湿地では、タイミングが合えば子どもたちに見せるようにしている。「がんばれー」などと大きな声で声援を送るが、みんな胸の前で手を合わせたり、こぶしを握り締めている。その姿を見るのも、また感動ものだ。

2012(平成24)年、豊岡市はコウノトリへ寄り添う心をヒントに「いのちへの共感に満ちたまちづくり条例」を制定した。

ところでヒナは、巣立ち後しばらくすると声が出なくなる。鳴けないのだ。なぜか? そのわけを元コウノトリの郷公園の獣医師、三橋陽子さんは、次のように推測されている。鳥は気管の一部が変化した「鳴管」で空気を振動させて鳴く。ヒナのときには気管の軟骨がまだ柔らかいので、曲がったり扁平になったりして空気で振動すると声が出る。だがコウノトリは成長するに従って気管が硬くなり、ただの管構造になって振動できなくなり、大きな声（音）が出せなくなるのではないかと。

巣立ちをすればもう、親鳥から餌をもらうために鳴く必要がなくなり、声の代わりにクチバシをカスタネットのように叩き合って意志表示する。「こんにちは」も「愛してる」も「出ていけ！」も、鳴き声のように高低やニュアンスがあるわけではない。音の強弱や叩く速さで使い分けしているのだろうか。聞いている私たちには聞き分けはできない。研究が待たれるところだ。

巣立ち直後の幼鳥（巣立ちまではヒナ、巣立ち後性成熟年齢に達するまでは幼鳥と呼んでいる）は当然、まだ餌生物の捕り方はぎこちない。だから母鳥が餌を与えることがある。少しは猶予期間を見てやらないと。

このとき、幼鳥は必死に（最後の）声を振り絞っておねだりする。母鳥はその声に反応して給餌する。甘えているように見えるが、親子の最後の団らんだ。

巣立ち後、大空で風の切り方などを教わった幼鳥は、夏には親のテリトリー（なわばり）の外に出ていく。自由な、そして試練の旅立ちである。コウノトリの飛翔力はとてつもなく強大だ。昨日、関西にいた個体が、今日は関東にいることなどしょっちゅうある。

あとがき

2018（平成30）年の秋、南京大学の学生から質問を受けたことがある。

「中国でもコウノトリの保護を積極的に行っており、重要な越冬地を保護区に指定して管理する方法をとっている。効果的だと思うし、実際、多くの成果を出している。しかし、日本では保護区を設けて保護していると聞いたことがない。なぜ、しないのか」

私は、次のように答えた。

まずは、国土の広さ。中国はとても広く、日本は狭い。狭いうえに国土の75％を山地が占めている日本では広い面積を必要とする湿原の保護区を設けにくい。必然的にコウノトリは人里の中で暮らさねばならない。だから、日本では「いかに共生していくか」がテーマになる、と。

格好いいことを言ったはいいが、未だにコウノトリと共生するとは「こういうことだ」と確信が持てずにいる。

そんなことなので、有機農業の知識・技術をイロハから教えていただいた稲葉光國先生（2021〈令和3〉年12月11日逝去）の言葉で、この本の締めくくりとしたい。

「コウノトリ育む農法」の「特許」に関して、先生に意向を打診したときの返答である。

「直接には私が指導したが、何も私が考案したのではない。その技術や知識は、戦後、全国に点在する有機農家が周囲から非難され、白い目で見られ、仲間外れにされながらも信念を曲げず、長い年月をかけてこつこつ作ってきたものだ。私は、点在するそれらの技術を体系付けたに過ぎない。だから、この農法はこれまで頑張ってきた全国の有機農家の汗と涙の賜物というべきものだ。

有機農業は囲い込むものではない。まだ未知の部分も多いので、オープンにして全国の農家に知らせ、みんなで切磋琢磨して向上させ、広げていかなければならない。特許の発想はまたぞろ地域間競争になり、広がりを妨げるだけだ」

先生が豊岡に注いでこられた決意・信念、全国の有機農家の思い、熱情。30分にわたる呻きのような声を今も鮮烈に記憶している。

今、コウノトリを取り巻く状況は、目まぐるしく変わり続けている。どこかでコウノトリに初めて出会った、あるいは少し慣れてきた方は、まさにその瞬間が歴史の一ページに立っているとお思いください。そのとき、この本で少しでもこれまでの方々に思いを馳せていただければ、こんなうれしいことはありません。

最後になりましたが、東京大学大学院農学生命科学研究科の宮下直教授、農文協プロダクションの阿久津若菜さんには、本書成立にあたり労をとっていただき、深く感謝しています。ありがとうございました。

2023（令和5）年9月

佐竹節夫

著者紹介

佐竹節夫（さたけ・せつお）

日本コウノトリの会代表。1949年、豊岡市生まれ。近畿大学卒業後、1972年に豊岡市役所に入職。1990年から豊岡市教育委員会社会教育課文化係長としてコウノトリ保護増殖事業を担当。以後、コウノトリ野生復帰計画、コウノトリの郷公園建設計画、コウノトリと共生するまちづくり等に携わる。コウノトリの郷公園推進室長、コウノトリ文化館長、コウノトリ共生課長を経て2008年に退職。2007年に市民の立場でコウノトリの野生復帰に取り組む「コウノトリ湿地ネット」を設立。2016年からは「日本コウノトリの会」に発展改称させ、代表を務め今日に至る。
著書に『おかえりコウノトリ』（童心社）、共著に『コウノトリの贈り物』（地人書館）などがある。

カバーイラスト　薮内正幸

カバー写真　河内明子、花谷英一

※本文中の写真クレジットのないものは著者提供

コウノトリと暮らすまち

豊岡・野生復帰奮闘記

2023年11月30日　第1刷発行

著　者　佐竹 節夫
発行所　一般社団法人　農山漁村文化協会
〒335-0022　埼玉県戸田市上戸田2丁目2-2
電　話　048(233)9351(営業)　048(233)9376(編集)
FAX　048(299)2812　振替00120-3-144478
URL　https://www.ruralnet.or.jp/

ISBN978-4-540-23149-0
〈検印廃止〉
©佐竹節夫2023 Printed in Japan
DTP制作／(株)農文協プロダクション
印刷・製本／(株)シナノパブリッシングプレス
定価はカバーに表示
乱丁・落丁本はお取り替えいたします。